建筑安装工人职业技能考试习题集

建筑焊割工

黄菁婧　主编

中国建筑工业出版社

图书在版编目（CIP）数据

建筑焊割工/黄菁婧主编. —北京：中国建筑工业出版社，2014.1
（建筑安装工人职业技能考试习题集）
ISBN 978-7-112-16190-4

Ⅰ.①建… Ⅱ.①黄… Ⅲ.①建筑安装-金属材料-焊接-技术培训-习题集②建筑安装-金属材料-切割-技术培训-习题集 Ⅳ.①TU758.11-44

中国版本图书馆 CIP 数据核字（2013）第 287536 号

建筑安装工人职业技能考试习题集

建筑焊割工

黄菁婧　主编

*

中国建筑工业出版社出版、发行（北京西郊百万庄）
各地新华书店、建筑书店经销
霸州市顺浩图文科技发展有限公司制版
北京同文印刷有限责任公司印刷

*

开本：850×1168毫米　1/32　印张：6　字数：160千字
2014年5月第一版　2014年5月第一次印刷
定价：**18.00**元
ISBN 978-7-112-16190-4
（24950）

本习题集根据现行职业技能鉴定考核方式，分为初级工、中级工、高级工三个部分，采用选择题、判断题、计算题、简答题、实际操作题的形式进行编写。

　　本习题集主要以现行职业技能鉴定的题型为主，针对目前建筑安装工人技术素质的实际情况和培训考试的具体要求，本着科学性、实用性、可读性的原则进行编写。可帮助准备参加技能考核的人员掌握鉴定的范围、内容及自检自测，有利于建筑工程工人岗位等级培训与考核。

　　本书可作为建筑安装工人职业技能考试复习用书。也可作为广大建筑安装工人学习专业知识的参考书。还可供各类技术院校师生使用。

＊　　　＊　　　＊

责任编辑：胡明安

责任设计：张　虹

责任校对：王雪竹　刘　钰

前　言

为了适应建设行业职工培训和建设劳动力市场职业技能培训、鉴定的需要，我们编写了这套《建筑安装工人职业技能考试习题集》，分7个工种，分别是：《通风工》、《管道工》、《安装起重工》、《工程安装钳工》、《工程电气设备安装调试工》、《建筑焊割工》、《铆工》。本套习题集根据现行职业技能鉴定考核方式，分为初级工、中级工、高级工三个部分，采用选择题、判断题、计算题、简答题、实际操作题的形式进行编写。

这套习题集主要以现行职业技能鉴定的题型为主，针对目前建筑安装工人技术素质的实际情况和培训考试的具体要求，本着科学性、实用性、可读性的原则进行编写，本套习题集适用于各级培训鉴定机构组织学员考核复习和申请参加技能考试的学员自学使用，可帮助准备参加技能考核的人员掌握鉴定的范围、内容及自检自测，有利于建筑工程工人岗位等级培训与考核。本套习题集对于各类技术学校师生、相关技术人员也有一定的参考价值。

本套习题集的内容基本覆盖了相应工种"岗位鉴定规范"对初、中、高级工的知识和技能要求，注重突出职业技能培训考核的实用性，对基本知识、专业知识和相关知识有适当的比重分配，尽可能做到简明扼要，突出重点，在基本保证知识连贯性的基础上，突出针对性、典型性和实用性，适应建筑安装工人知识与技能学习的需要。由于全国地区差异、行业差异及企业差异较大，使用本套习题集时各单位可根据本地区、本行业、本单位的具体情况，适当增加或删除一些内容。

本套习题集的编写得到了中国建筑工业出版社和有关建筑

安装单位、职业学校等的大力支持。在编写过程中参照了部分培训教材，采用了最新施工规范和技术标准。由于编者水平有限，书中难免存在若干不足甚至错误之处，恳请读者在使用过程中提出宝贵意见，以便不断改进完善。

编者

目　录

第一部分 初级建筑焊割工

1.1 选择题

1. 中心投影法得到的图形（D）。
   A. 能反映物体的真实大小，机械图样中采用
   B. 不能反映物体的真实大小，机械图样中采用
   C. 能反映物体的真实大小，机械图样中不采用
   D. 不能反映物体的真实大小，机械图样中不采用

2. 关于三视图，下面描述不正确的是（B）。
   A. 主、俯视图长对正　　B. 主、右视图宽相等
   C. 主、左视图高平齐　　D. 俯、左视图宽相等

3. 常见的剖视图有（A）。
   A. 全剖视图、半剖视图、局部剖视图
   B. 全剖视图、半剖视图、斜剖视图
   C. 全剖视图、斜剖视图、局部剖视图
   D. 斜剖视图、半剖视图、局部剖视图

4. 图样中 是（A）的符号。

   A. 金属材料　B. 非金属材料　C. 建筑材料　D. 所有材料

5. 图样中 是（C）的符号。

   A. 基础周围的泥土　　　B. 混凝土
   C. 钢筋混凝土　　　　　D. 砖混结构

6. 特征代号 B 表示的螺纹种类是（D）。

1

A. 普通螺纹　B. 梯形螺纹　C. 管螺纹　D. 锯齿形螺纹

7. 某细牙普通外螺纹，大径为 20，螺距为 2，中径公差代号为 7g，顶径公差代号 6g，旋合长度 40，右旋，其标记为（B）。

A. M20×2 右－7g6g－40　　　B. M20×2－7g6g－40

C. M20×2 右－6g7g－40　　　D. M20×2－6g7g－40

8. 梯形螺纹的大径为 30，导程为 12，螺距为 6，精度为 3 级，右旋，其标记为（D）。

A. Tr30×6(P12)－3　　　B. Tr12×30(P6)－3

C. Tr30×6×12－3　　　D. Tr30×12(P6)－3

9. 键的种类较多，常用的有平键、半圆键、钩头键和花键，其中以（A）最常见。

A. 平键　　　B. 半圆键　　　C. 钩头键　　　D. 花键

10. 一对标准齿轮啮合必须（D）。

A. 模数相等、齿形相近、分度圆相切

B. 模数相等、齿形相同、分度圆相割

C. 模数相近、齿形相同、分度圆相切

D. 模数相等、齿形相同、分度圆相切

11. 向心滚动轴承主要承受（A）。

A. 径向力　　　　　　B. 轴向力

C. 径向力和轴向力　　D. 径向力或轴向力

12. 关于装配图的规定画法，下列表达错误的是（C）。

A. 对于连接件（螺栓、螺母、垫片、键、销等）和实心件（轴、连杆等），当剖切面通过基本轴线或对称面时，这些零件按不剖处理

B. 凡是有配合要求的两零件的接触面，在接触处只画一条线表示

C. 非配合要求的两零件接触面，间隙很小时，可只画一条线表示

D. 用剖面线倾斜方向相反或一致、间隔不等来区分表达相邻的两个零件

13. 关于装配图的特殊表达方法中，下列描述错误的是（C）。

A. 当需要表达某些零件的运动范围和极限时，可用双点划线画出该零件在极限位置的外形图

B. 当需要表达本部件与相邻部件的装配关系时，可用双点划线画出相邻部分的轮廓线

C. 在装配图中，不可用视图、剖视图或剖面图单独表达某个零件的结构形状

D. 对于装配图中螺栓连接件组，允许只画一处以标明序号，其余的以点划线表示中心位置即可

14. 焊接装配图中涉及的焊接工艺文件中不包括（D）。

A. 典型工件制造的工艺守则

B. 焊接方法的工艺守则

C. 施焊的工艺评定编号

D. 各零件的作用、结构特点、传动路线

15. 焊接焊缝基本符号 ⋁ 表示（C）。

    A. Ｖ 形焊缝   B. 单边 Ｖ 形焊缝

    C. 带钝边 Ｖ 形焊缝   D. 带钝边单边 Ｖ 形焊缝

16. 焊接焊缝基本符号 ⋁ 表示（B）。

    A. Ｖ 形焊缝   B. 单边 Ｖ 形焊缝

    C. 带钝边 Ｖ 形焊缝   D. 带钝边单边 Ｖ 形焊缝

17. 焊接焊缝基本符号 ⊿ 表示（B）。

    A. Ｖ 形焊缝   B. 角焊缝   C. 封底焊缝   D. 塞焊缝或槽焊缝

18. 焊接焊缝基本符号 ⌣ 表示（C）。

    A. Ｖ 形焊缝   B. 角焊缝   C. 封底焊缝   D. 塞焊缝或槽焊缝

19. 焊缝补充符号 ◤ 表示（D）。

    A. 焊缝底部有垫板   B. 三面带有焊缝

    C. 环绕工件周围进行焊接   D. 在现场或工地上进行焊接

20. 焊缝补充符号 ▢ 表示（A）。

A. 焊缝底部有垫板　　　　B. 三面带有焊缝

C. 环绕工件周围进行焊接　D. 在现场或工地上进行焊接

21. 焊缝横截面上的尺寸标注在基本符号的（C）侧。

　A. 上　B. 下　C. 左　D. 右

22. 焊缝长度方向上的尺寸标注在基本符号的（D）侧。

　A. 上　B. 下　C. 左　D. 右

23. 表示焊缝表面形状特征的符号是（B）。

　A. 基本符号　B. 辅助符号　C. 补充符号　D. 焊缝尺寸符号

24. 表示焊缝横截面形状的符号是（A）。

　A. 基本符号　B. 辅助符号　C. 补充符号　D. 焊缝尺寸符号

25. 下列焊接符号中全部属于焊缝补充符号的是（B）。

　A. 平面符号、凹面符号、尾部符号、现场符号

　B. 三面焊缝符号、周围焊缝符号、现场符号、尾部符号

　C. 带垫板符号、三面焊缝符号、凹面符号、凸面符号

　D. 周围焊缝符号、凸面符号、带垫板符号、三面符号

26. 下列焊接符号中全部属于焊缝补充符号的是（D）。

　A. 三面符号、凹面符号、平面符号

　B. 凸面符号、三面符号、平面符号

　C. 三面符号、凹面符号、平面符号

　D. 凸面符号、凹面符号、平面符号

27. 关于金属的熔点，下列描述不正确的是（B）。

　A. 纯金属和合金从固态向液态转变时的温度称为熔点

　B. 纯金属的熔点是在一个范围内变化的

　C. 含碳量不同，熔点不同

　D. 合金的熔点取决于它的成分

28. 关于金属的导热性，下列描述中不正确的是（D）。

　A. 金属材料传导热量的性能称为导热性

　B. 导热性的大小用热导率来衡量

　C. 热导率越大，金属的导热性越好

　D. 合金的导热性比纯金属的导热性好

4

29. 金属材料的磁性与（C）有关。

　　A. 电阻率　　B. 导热率　　C. 成分和温度　　D. 强度

30. 材料在外力作用下抵抗变形或破坏的能力，称为材料的（A）。

　　A. 强度　　B. 塑性　　C. 硬度　　D. 韧性

31. 材料在外力作用下产生永久变形的能力，称为材料的（B）。

　　A. 强度　　B. 塑性　　C. 硬度　　D. 韧性

32. 使金属引起疲劳破坏的是（C）。

　　A. 静载荷　　　　B. 冲击载荷

　　C. 交变载荷　　　D. 交变载荷和冲击载荷

33. 金属材料在无数次重复交变载荷作用下，而不致破坏的最大应力，称为（C）。

　　A. 强度　　B. 塑性　　C. 疲劳强度　　D. 韧性

34. 中碳钢的含碳量范围为（B）。

　　A. $<0.25\%$　　　　B. $0.25\%\sim0.60\%$

　　C. $0.60\%\sim1.2\%$　　D. $>1.2\%$

35. 结构钢的含碳量范围为（C）。

　　A. $<0.25\%$　　B. $0.25\%\sim0.60\%$

　　C. $<0.70\%$　　D. $>1.2\%$

36. 低合金钢合金元素总含量为（A）。

　　A. $<5\%$　　B. $5\%\sim10\%$　　C. $10\%\sim15\%$　　D. $>15\%$

37. 钢按质量分类是根据（B）进行划分的。

　　A. 钢的强度　　　　B. 钢中有害元素 S 和 P 的多少

　　C. 钢的含碳量　　　D. 钢的耐蚀性

38. 45 号钢属于（C）。

　　A. 低碳钢　　　　　B. 普通碳素结构钢

　　C. 优质碳素结构钢　　D. 不锈钢

39. 45 号钢的含碳量为（B）%。

　　A. 0.045　　B. 0.45　　C. 4.5　　D. 45

40. 16Mn 钢属于（B）。

A. 低碳钢　　　　B. 普通低合金结构钢

C. 合金工具钢　　D. 不锈钢

41. 1Cr13 钢属于（A）。

A. 马氏体型不锈钢　　B. 铁素体型不锈钢

C. 奥氏体型不锈钢　　D. 珠光体耐热钢

42. 下列不能热处理强化的形变铝合金的是（D）。

A. 硬铝　　B. 超硬铝　　C. 锻造铝合金　　D. 防锈铝合金

43. 下列青铜中不属于特殊青铜的是（A）。

A. 铜锡合金　　B. 铝青铜　　C. 铍青铜　　D. 钛青铜

44. 铝的熔点约为（B）℃。

A. 327　　B. 660　　C. 1083　　D. 1538

45. 铝、铜的晶格类型为（C）。

A. 简单立方晶格　　B. 体心立方晶格

C. 面心立方晶格　　D. 密排六方晶格

46. 关于同素异构转变，下列描述不正确的是（C）。

A. 同素异构转变需要一定的过冷度

B. 同素异构转变有潜热放出

C. 同素异构转变不是结晶过程

D. 同素异构转变时会产生较大的内应力

47. 能够完整地反映晶格特征的最小几何单元称为（B）。

A. 晶粒　　B. 晶胞　　C. 晶体　　D. 晶核

48. 在合金中具有相同的物理和化学性能并与其他部分以界面分开的一种物质部分称为（C）。

A. 组元　　B. 元素　　C. 相　　D. 晶粒

49. 合金组元间发生相互作用而形成一种具有金属特性的物质称为（C）。

A. 间隙固溶体　　B. 置换固溶体　　C. 金属化合物　　D. 混合物

50. 碳溶解在 γ-Fe 中所形成的间隙固溶体称为（B）。

A. 铁素体　　B. 奥氏体　　C. 渗碳体　　D. 珠光体

51. 钢在高温进行锻造或轧制时所要求的金相组织为（B）。

A. 铁素体　　B. 奥氏体　　C. 渗碳体　　D. 马氏体

52. 同素异构转变又称为（C）。

　　A. 结晶　　B. 再结晶　　C. 重结晶　　D. 非结晶

53. 合金中一组元溶解其他组元或组元间相互溶解而形成的一种均匀固相称为（A）。

　　A. 固溶体　　B. 金属化合物　　C. 混合物　　D. 晶格

54. （B）是铁素体和渗碳体的混合物。

　　A. 奥氏体　　B. 珠光体　　C. 莱氏体　　D. 马氏体

55. 莱氏体的含碳量为（D）。

　　A. 0.0218%　　B. 0.77%　　C. 2.11%　　D. 4.3%

56. 奥氏体中碳的最大溶解度是（C）。

　　A. 0.0218%　　B. 0.77%　　C. 2.11%　　D. 4.3%

57. 727℃时奥氏体中碳的溶解度是（B）。

　　A. 0.0218%　　B. 0.77%　　C. 2.11%　　D. 4.3%

58. 碳在 α-Fe 中的过饱和间隙固溶体为（D）。

　　A. 奥氏体　　B. 珠光体　　C. 莱氏体　　D. 马氏体

59. 下列描述中不是退火目的是（D）。

　　A. 降低钢的硬度，提高塑性，以利于切削加工及冷变形加工

　　B. 细化晶粒，均匀钢的组织及成分

　　C. 消除钢中的残余应力，以防止变形和开裂

　　D. 提高钢的强度和耐磨性，最大限度的发挥钢材的性能潜力

60. 下列描述中不是回火目的是（D）。

　　A. 减少或消除工件淬火时产生的内应力，防止工件在使用过程中的变形和开裂

　　B. 通过回火提高钢的韧性、调整钢的强度和硬度

　　C. 稳定组织，从而稳定尺寸

　　D. 降低钢的硬度，提高塑性，以利于切削加工及冷变形加工

61. 正火的冷却速度比（A）的冷却速度快。

　　A. 退火　　B. 淬火　　C. 回火　　D. 调质

62. 通电导体在磁场中所受作用力的方向可用（D）判定。

A. 右手螺旋定则　B. 左手螺旋定则

C. 右手定则　　　D. 左手定则

63. 电流产生的磁场方向可用（A）来判断。

A. 右手螺旋定则　B. 左手螺旋定则

C. 右手定则　　　D. 左手定则

64. 导体中的感应电动势的方向，可用（C）来判定。

A. 右手螺旋定则　B. 左手螺旋定则

C. 右手定则　　　D. 左手定则

65. 关于电磁感应，下列描述不正确的是（B）。

A. 电流可以产生磁场

B. 磁场中的一段导体相对磁场作切割磁力线的运动时，在导体中会产生电流

C. 电磁感应产生的电动势称为感应电动势

D. 感应电动势在闭合电路中产生的电流称为感应电流

66. 下列关于通电导体在磁场中所受力大小的描述中，不正确的是（D）。

A. 磁场越强，则导体所受到的力就越大

B. 导体中的电流越大，则导体所受到的力就越大

C. 磁场中的导体有效长度越长，则导体所受到的力就越大

D. 电流方向和磁场方向的夹角越小，则导体所受到的力就越大

67. 频率是（B）。

A. 交流电每变化一次所需的时间

B. 交流电在 1s 内变化的次数

C. 任意时刻正弦交流电的数值

D. 交流电在 1s 内变化的电角度

68. 三相四线供电制中，四根输电线常用颜色加以区分，其中一般以（D）代表零线。

A. 黄色　　B. 红色　　C. 绿色　　D. 黑色（或白色）

69. 异步电动机的定子组成中不包括（D）。

A. 铁心　　B. 定子绕组　　C. 机座　　D. 转子铁心

70. 变压器的工作原理是（C）。

A. 欧姆定律　　　　B. 楞次定律

C. 电磁感应原理　　D. 电流磁效应原理

71. 关于电流互感器，下列描述错误的是（D）。

A. 电流互感器的次级绕组和铁芯应可靠接地

B. 电流互感器次级绕组电路中不得加装熔断器，严禁开路

C. 与电流互感器配套使用的交流电电流表一般选 5A 的量程

D. 测量直流电流与电压时可不注意电表的极性

72. 下列触电事故中不属于设备故障的是（D）。

A. 由于线圈潮湿导致绝缘损坏

B. 焊机长期超载运行或短路发热，致使绝缘能力降低、烧损
而漏电

C. 焊机安装地点和方法不符合安全，遭受振动、碰击而短路

D. 在登高焊接时，触及电线引起的触电事故

73. 电焊设备的带电部分必须符合绝缘标准要求，其绝缘电阻值
均不得小于（B）。

A. 0.5MΩ　　B. 1MΩ　　C. 2MΩ　　D. 5MΩ

74. 手持电动工具的绝缘电阻值不低于（C）。

A. 0.5MΩ　　B. 1MΩ　　C. 2MΩ　　D. 5MΩ

75. 一般低压设备绝缘电阻值要大于（A）。

A. 0.5MΩ　　B. 1MΩ　　C. 2MΩ　　D. 5MΩ

76. 根据有关安全技术标准，对于潮湿而触电危险性又较大的环
境，规定的安全电压为（C）V。

A. 42　　B. 36　　C. 12　　D. 6

77. 根据有关安全技术标准，对于比较干燥而触电危险性又较大
的环境，规定的安全电压为（B）V。

A. 42　　B. 36　　C. 12　　D. 6

78. 大部分触电伤亡事故是由于（A）造成的。

A. 电击　　B. 电伤　　C. 电弧　　D. 电磁

79. 感知电流是引起人有感觉的最小电流，人的工频感知电流（有效值）是（A）。

　　A. 0.5～1mA　　B. 1～5mA　　C. 5～10mA　　D. 50mA

80. 摆脱电流是人触电后能自行摆脱的最大电流，人的工频摆脱电流（有效值）是（C）。

　　A. 0.5～1mA　　B. 1～5mA　　C. 5～10mA　　D. 50mA

81. 通过人体引起心室发生纤维性颤动的最小电流称为室颤电流，室颤电流约为（D）。

　　A. 0.5～1mA　　B. 1～5mA　　C. 5～10mA　　D. 50mA

82. 直流电弧的结构中，电弧紧靠正电极的区域为（B）。

　　A. 阴极区　　B. 阳极区　　C. 弧柱区　　D. 特性区

83. 电弧区域温度分布不均匀，其中（C）区的温度最高。

　　A. 阴极　　B. 阳极　　C. 弧柱　　D. 阳极斑点

84. 不同的电弧焊方法，下面关于其静特性曲线特性描述不正确的（C）。

　　A. 手工电弧焊静特性曲线无上升特性区

　　B. 埋弧自动焊在正常电流密度下焊接时，其静特性曲线为平特性区

　　C. 钨极氩弧焊在大电流区间焊接时，静特性为下降特性区

　　D. 细丝熔化极气体保护焊，静特性曲线为上升特性区

85. 输出电压随输出电流的增大而上升的外特性是（A）。

　　A. 上升外特性　　B. 水平外特性

　　C. 下降外特性　　D. 陡降外特性

86. 手弧焊焊接时，要采用具有（D）的电源。

　　A. 上升外特性　　B. 水平外特性

　　C. 下降外特性　　D. 陡降外特性

87. 焊接电源输出电压与输入电流之间的关系称为（C）。

　　A. 电源调节特性　　B. 电弧静特性

　　C. 电源外特性　　D. 电源内特性

88. 弧焊变压器是一种具有（B）变压器。

A. 上升外特性的升压变压器　B. 下降外特性的降压变压器

C. 水平外特性的恒压变压器　D. 陡降外特性的升压变压器

89. 同体式弧焊机通过调节（D）来调节焊接电流。

A. 空载电压　B. 初、次级线圈间距

C. 空载电流　D. 电抗器铁芯间隙

90. 动圈式弧焊机通过调节（B）来调节焊接电流。

A. 空载电压　B. 初、次级线圈间距

C. 空载电流　D. 电抗器铁芯间隙

91. 由三相降压变压器、饱和电抗器、整流器组、输出电抗器、通风及控制系统等部分组成的电焊机是（C）。

A. 晶闸管弧焊机　B. 逆变式弧焊机

C. 硅整流焊机　　D. 交流弧焊机

92. 关于焊接电源极性的选择，下列描述不正确的是（A）。

A. 酸性焊条可同时采用交、直流两种电源，一般优先选用直流弧焊机

B. 对药皮中含有较多稳弧剂的碱性焊条，可使用交流弧焊机

C. 碱性焊条由于电弧稳定性差，必须使用直流弧焊机，但电源空载电压应较高些

D. 碱性焊条通常采用反接

93. 关于焊接电源极性的选择，下列描述不正确的是（D）。

A. 焊件接电源正极，焊条接电源负极的接线方法叫正接，也称正极性

B. 焊件接电源的负极，焊条接电源正极的接线法叫反接，也称反极性

C. 厚钢板焊接一般采用正接

D. 薄板、铸件、有色金属的焊接采用正接

94. 选择焊接电流时，要考虑的因素很多，下列因素中最主要的因素应是（C）。

A. 工件厚度　B. 药皮类型　C. 焊条直径　D. 接头类型

95. 手工电弧焊在焊接同样厚度的焊缝时，T形接头的焊条直径

应（B）对接接头的焊条直径。

　　A. 小于　　　B. 大于　　　C. 相等于　　　D. 大小均可

96. 下列焊接位置中电流最大的是（D）。

　　A. 横焊　　　B. 立焊　　　C. 仰焊　　　D. 角焊

97. 埋弧焊只适用于（A）焊接。

　　A. 平焊　　　B. 立焊　　　C. 角焊　　　D. 仰焊

98. 钨极氩弧焊随（D），气体流量应增加。

　　A. 焊接速度降低、弧长增加　　B. 焊接速度提高、弧长降低

　　C. 焊接速度降低、弧长降低　　D. 焊接速度提高、弧长增加

99. 下列描述中不是钨极氩弧焊特点的是（D）。

　　A. 焊缝质量高　　　　B. 焊接变形与应力小

　　C. 易于实现机械化　　D. 对焊工的危害小

100. 钨极氩弧焊焊接铝及铝合金时应采用（C）。

　　A. 直流正接　B. 直流反接　C. 交流电源　D. 交直流两用

101. 化学成分相同的焊缝金属，冷却速度不同，焊缝组织不同，冷却速度越大，焊缝金属中珠光体越多、越细，从而硬度（C）。

　　A. 不定（升高或降低）B. 降低　C. 升高　D. 不变

102. 焊前预热是降低焊后冷却速度的有效措施，其主要目的在于改善金属材料的（D）。

　　A. 强度极限　B. 延伸率　C. 冲击韧性　D. 焊接性

103. 焊接热影响区在相变温度以上停留的时间越长，越有利于（B）的均质化过程，但温度过高，会产生严重的晶粒长大。

　　A. 铁素体　　B. 奥氏体　　C. 马氏体　　D. 珠光体

104. 焊接冷裂纹主要发生在（B）中。

　　A. 低碳钢　　B. 中碳钢　　C. 高碳钢　　D. 铸铁

105. 下列描述中不是焊接冷裂纹产生最主要因素的是（D）。

　　A. 焊材本身具有较大的淬硬倾向

　　B. 焊接熔池中溶解了较多的氢

　　C. 焊接接头在焊接过程中产生了较大的应力

　　D. 焊接过程中材料的热胀冷缩

106. 下列方法中，不能防止或减少焊接中冷裂纹产生的是(D)。

　A. 焊前按规定严格烘干焊条、焊剂，以减少氢的来源

　B. 采用低氢型碱性焊条

　C. 焊接淬硬性较强的低合金钢时，采用奥氏体不锈钢焊条

　D. 适当减小焊接电流，增加焊接速度

107. 焊接时焊接构件中沿钢板轧层形成的阶梯状的裂纹称为 (D)。

　A. 热裂纹　B. 冷裂纹　C. 再热裂纹　D. 层状撕裂裂纹

108. 焊接过程中，焊缝和热影响区金属冷却到固相线附近的高温区产生的焊接裂纹称为 (A)。

　A. 热裂纹　B. 冷裂纹　C. 再热裂纹　D. 层状撕裂裂纹

109. 钢件的焊接接头冷却到 M_S 温度以下或 $200\sim300℃$，产生的焊接裂纹称为 (B)。

　A. 热裂纹　B. 冷裂纹　C. 再热裂纹　D. 层状撕裂裂纹

110. 关于焊接气孔的产生，下列描述不正确的是 (D)。

　A. 埋弧焊生成气孔的倾向比手弧焊大得多

　B. 碱性焊条容易产生气孔

　C. 使用交流电源，焊缝易出现气孔

　D. 焊接电流降低，焊接速度减慢易产生气孔

111. 可提高焊缝金属强度，降低焊缝塑性和韧性的元素是(D)，但同时使焊缝产生气孔。

　A. 氢　　B. 氧　　C. 硫　　D. 氮

112. 焊接区中的氧通常是以 (D) 两种形式溶解在液态铁中。

　A. 氧气和氧化铁　　B. 氧气和氧化亚铁

　C. 原子氧和氧化铁　　D. 原子氧和氧化亚铁

113. 一般结构咬边深度不得超过 (B)。

　A. 0.2mm　　B. 0.5mm　　C. 0.8mm　　D. 1mm

114. 下列描述中 (D) 不能防止气孔的产生。

　A. 仔细清除焊件表面上的铁锈等污物

　B. 采用合适的焊接工艺参数

C. 焊条、焊剂在焊前按规定严格烘干，并存放于保温桶中，随用随取

D. 使用碱性焊条焊接时，采用长弧焊

115. 下列描述中不是夹渣产生原因的是（A）。

A. 焊接电流过大，致使液态金属和熔渣分清

B. 焊接速度过快，使熔渣不能及时浮起

C. 多层焊接时，清渣不干净

D. 焊缝成形系数过小以及手弧焊时焊条角度不正确

116. 下列描述中不能防止夹渣缺陷产生的是（C）。

A. 采用具有良好工艺性能的焊条

B. 正确选用焊接电流和运条角度

C. 焊件坡口角度开口尽量小

D. 多层焊时做好清渣工作

117. 焊接接头的根部未完全熔透的现象是（C）。

A. 未焊满　　B. 未熔合　　C. 未焊透　　D. 未焊合

118. 焊缝金属和母材之间或焊道金属和焊道金属之间未完全熔化结合的部分属于（B）。

A. 未焊满　　B. 未熔合　　C. 未焊透　　D. 未焊合

119. 焊接过程中，熔化金属流淌到焊缝之外未熔化的母材上所形成的金属瘤，称为（C）。

A. 烧结　　B. 焊滴　　C. 焊瘤　　D. 烧穿

120. 氢是焊缝中的有害元素，下面描述中不是氢的主要危害的是（D）。

A. 氢脆性，引起钢的塑性下降

B. 白点（焊缝金属的拉断面上出现如鱼目状的白色圆形白点），使钢的塑性下降

C. 气孔和冷裂纹

D. 时效硬化

121. 焊条由药皮和焊芯两部分组成，下面描述中，不是药皮作用的是（D）。

A. 提高焊接电弧的稳定性

B. 保护熔化金属不受外界空气的影响

C. 过渡合金元素使焊缝获得所要求的性能

D. 氧化、增氢、增硫和增磷

122. 焊工在操作中可以调节的参数是（C）。

A. 焊条直径　B. 电弧电压　C. 焊接电流　D. 焊条类型

123. E4303 焊条型号中的"E"表示（A）。

A. 焊条　　B. 焊剂　　C. 熔敷金属　　D. 强度

124. E4303 焊条型号中的"43"表示（D）。

A. 熔敷金属抗拉强度最大值 43MPa

B. 熔敷金属抗拉强度最大值 430MPa

C. 熔敷金属抗拉强度最小值 43MPa

D. 熔敷金属抗拉强度最小值 430MPa

125. 焊条的选择原则中不包括（D）。

A. 等强度原则　B. 同等性能原则

C. 等条件选择　D. 经济原则

126. 为了保证低合金钢焊缝与母材有相同的耐热、耐腐蚀等性能，应该选用与母材（D）相同的焊条。

A. 强度极限　B. 屈服极限　C. 延伸率　D. 化学成分

127. 选用不锈钢焊条时，主要应该遵守与母材的（C）相似。

A. 强度　B. 性能　　C. 成分　D. 价值

128. 碱性焊条的主要优点之一是（D）。

A. 电弧稳定　B. 对弧长无要求

C. 脱渣性好　D. 良好的抗裂性

129. 酸性焊条的烘干温度通常为（A）。

A. 75～150℃　　B. 250～350℃

C. 350～400℃　D. 400～500℃

130. 碱性焊条的烘干温度通常为（C）。

A. 75～150℃　　B. 250～350℃

C. 350～400℃　D. 400～500℃

131. 对于承受静载荷或一般载荷的工件或结构，通常按（A）选择焊条。

　　A. 等强度原则　　B. 同等性能原则

　　C. 等条件原则　　D. 经济原则

132. 在特殊环境下工作的结构如要求耐磨、耐腐蚀、耐高温或低温等，通常按（B）选择焊条。

　　A. 等强度原则　　B. 同等性能原则

　　C. 等条件选择　　D. 经济原则

133. 根据工件或焊接结构的工作条件和特点选择焊条，通常按（C）选择焊条。

　　A. 等强度原则　　B. 同等性能原则

　　C. 等条件选择　　D. 经济原则

134. 焊剂的作用中不包括（D）。

　　A. 覆盖焊接区，防止空气中的有害气体侵入熔池

　　B. 对焊缝金属渗合金，改善焊缝的化学成分和提高力学性能。

　　C. 防止焊缝中产生气孔和裂纹

　　D. 对焊接熔池保温

135. 对于平焊位置的多层焊，下列描述不正确的是（C）。

　　A. 第一层应选用较小直径的焊条，运条方法应根据焊条直径与坡口间隙而定

　　B. 第二层及以后各层焊接时，选用较大直径焊条和焊接电流施焊

　　C. 每层焊缝接头位置应相同

　　D. 施焊时应注意清渣，以免产生夹渣、未熔合等缺陷

136. 立焊是在垂直方向进行焊接的一种操作方法，下面关于立焊的描述中不正确的是（C）。

　　A. 由于受重力作用，焊条熔化所形成的熔滴及熔池中金属易下淌，焊缝成型相对困难

　　B. 立焊时选用的焊条直径应小于平焊

　　C. 立焊时选用的焊接电流应大于平焊

D. 采用短弧焊接

137. 横焊是在垂直面上焊接水平焊缝的一种操作方法，下面关于横焊的描述中不正确的是（D）。

　　A. 由于熔化金属受重力作用，容易下淌而产生各种缺陷

　　B. 选用小直径焊条

　　C. 选用较小的焊接电流

　　D. 采用长弧焊接

138. 关于氩气，下列描述中不正确的是（A）。

　　A. 氩气是一种无色、无味的双原子气体

　　B. 氩气的质量是空气的 1.4 倍

　　C. 氩气是一种惰性气体

　　D. 氩气使电弧稳定，适用于手工焊接

139. 氩气瓶是一钢质圆柱形高压容器，其外表涂成（C）并注有绿色"氩"字标志字样。

　　A. 棕色　　　B. 蓝色　　　C. 灰色　　　D. 黑色

140. 根据国家相关标准，二氧化碳气瓶的外表涂成（D）。

　　A. 白色　　　B. 灰色　　　C. 蓝色　　　D. 铝白色

141. 钨极的牌号及编制方法中，W1、W2 是（A）。

　　A. 纯钨极　　B. 钍钨极　　C. 铈钨极　　D. 锆钨极

142. 钨极的牌号及编制方法中，WTh-10 是（B）。

　　A. 纯钨极　　B. 钍钨极　　C. 铈钨极　　D. 锆钨极

143. 钨极的牌号及编制方法中，WCe-20 表示（C）。

　　A. 纯钨极　　B. 钍钨极　　C. 铈钨极　　D. 锆钨极

144. 钨极的牌号及编制方法中，WZr015 表示（C）。

　　A. 纯钨极　　B. 钍钨极　　C. 铈钨极　　D. 锆钨极

145. 钨极氩弧焊，为了使用安全，建议采用（C）电极材料。

　　A. 纯钨极　　B. 钍钨极　　C. 铈钨极　　D. 锆钨极

146. 各种焊接接头中，采用最多的接头形式是（A）。

　　A. 对接接头　　B. T形接头　　C. 角接接头　　D. 搭接接头

147. 两焊件端面间构成大于 30°，小于 135°夹角的接头称为（C）。

A. 对接接头　B. T形接头　C. 角接接头　D. 搭接接头

148. 选择焊接坡口的原则正确的是（D）。

A. 能够保证工件焊透；坡口形状便于加工；尽可能提高焊接生产率和节省焊条；保证接头的精度

B. 能够保证工件焊透；坡口形状便于加工；保证接头的精度；尽可能减小焊后变形

C. 能够保证工件焊透；保证接头的精度；尽可能提高焊接生产率和节省焊条；尽可能减小焊后变形

D. 能够保证工件焊透；坡口形状便于加工；尽可能提高焊接生产率和节省焊条；尽可能减小焊后变形

149. （A）坡口是最常用的坡口形式。这种坡口便于加工，焊接时为单面焊，不用翻转焊件，但焊后焊件容易产生变形

A. V形坡口　B. X形坡口　C. U形坡口　D. 双U形坡口

150. （B）是在V形坡口基础上发展起来的，在同样厚度下能减少焊缝重量，并且是对称焊接，焊后变形较小，但焊接时需要翻转焊件。

A. V形坡口　B. X形坡口　C. U形坡口　D. 双U形坡口

151. 单道焊缝横截面中，两焊趾之间的距离称为（D）。

A. 焊缝厚度　B. 熔深　　C. 余高　　D. 焊缝宽度

152. 在焊接接头横截面上，母材熔化的深度称为（B）。

A. 焊缝厚度　B. 熔深　　C. 余高　　D. 焊缝宽度

153. 对接焊缝中，超出表面焊趾连线上面的那部分焊缝金属的高度称为（C）。

A. 焊缝厚度　　B. 熔深　　C. 余高　　D. 焊缝宽度

154. 当其他条件不变时，增加（A），则焊缝厚度和余高都增加，而焊缝宽度几乎保持不变。

A. 焊接电流　B. 电弧电压　C. 焊接速度　D. 电极直径

155. 当（C）增加时，焊缝厚度和焊缝宽度都大为下降。

A. 焊接电流　B. 电弧电压　C. 焊接速度　D. 电极直径

156. 当其他条件不变时，（B）增大，焊缝宽度显著增加而焊缝

18

厚度和余高将略有减少。

A. 焊接电流　B. 电弧电压　C. 焊接速度　D. 电极直径

157. 当（B）增加时，电阻热将增加，焊丝熔化加快，余高增加。

A. 电极直径　B. 焊丝外伸长　C. 电极倾角　D. 焊件倾角

158. 减小（A）时，焊缝厚度和焊缝宽度均减少。

A. 电极直径　B. 焊丝外伸长　C. 电极倾角　D. 焊件倾角

159. 关于焊剂，下列描述不正确的是（B）。

A. 埋弧焊时，焊剂成分、密度、颗粒度及堆积高度均对焊缝形状有一定影响

B. 当其他条件相同时，稳弧性较差的焊剂焊缝厚度较小，而焊缝宽度较大

C. 焊剂密度小，颗粒度大或堆积高度减小时，焊缝厚度减小，焊缝宽度增加，余高略为减少

D. 熔黏度过大，使熔渣透气性不良，排气困难，焊缝表面形成许多凹坑

160. 普通钢板尺上的最小刻度一般为（C）。

A. 0.1mm　　B. 0.2mm　　C. 0.5mm　　D. 1.0mm

161. 錾削低碳钢时的錾刃楔角宜为（B）。

A. 10°~30°　B. 30°~50°　C. 50°~70°　D. 70°~90°

162. 按国家标准规定氧气瓶的颜色为（D）色。

A. 黑　　B. 白　　C. 黄　　D. 蓝

163. 目前工业中最常见的氧气瓶的容积为（B）。

A. 20L　　B. 40L　　C. 80L　　D. 100L

164. 氧气瓶内的氧气不能全部用尽，充气前应留有（B）余压。

A. 0.05~0.1MPa　B. 0.1~0.15MPa

C. 0.3~0.5MPa　　D. 0.5~1MPa

165. 气焊、气割作业时，作业现场距氧气瓶、乙炔瓶应大于（D）。

A. 3m　　B. 5m　　C. 8m　　D. 10m

166. 气割是利用可燃气体与氧气混合燃烧的火焰预热被切割的

金属，使被切割的金属达到（D）温度。

    A. 相变   B. 熔点   C. 闪点   D. 燃点

167. 下面描述的低碳钢气焊焊接性特点中不正确的是（D）。

    A. 塑性好，淬硬倾向小，焊缝及近焊缝区不易产生冷裂纹

    B. 一般焊前不需预热

    C. 焊接沸腾钢时，有轻微的产生裂纹的倾向

    D. 焊接速度过慢会产生热影响区晶粒细化现象

168. 气焊是将（D）能转变为热能的一种熔焊工艺方法。

    A. 气   B. 电   C. 物理   D. 化学

169. 管道输送氧气的压力一般为（A）。

    A. 0.1～0.5MPa   B. 0.5～1MPa

    C. 1～5MPa   D. 5～15MPa

170. 目前工业中最常见的氧气瓶的工作压力为（C）。

    A. 0.15MPa   B. 1.5MPa   C. 15MPa   D. 6MPa

171. 乙炔瓶的安全是由设于瓶肩上的（B）来实现的。

    A. 瓶阀   B. 易熔塞   C. 瓶帽   D. 防震圈

172. （C）的作用是将贮存在气瓶内的高压气体，减压到所需的稳定工作压力。

    A. 控制阀   B. 安全阀   C. 减压阀   D. 压力阀

173. 乙炔在空气的爆炸极限为（B）。

    A. 2.3%～93%   B. 2.55%～80%

    C. 4%～75%   D. 4%～95%

174. 乙炔在纯氧中爆炸极限为（A）。

    A. 2.3%～93%   B. 2.55%～80%

    C. 4%～75%   D. 4%～95%

175. 氢在空气中的爆炸极限为（C）。

    A. 2.3%～93%   B. 2.55%～80%

    C. 4%～75%   D. 4%～95%

176. 氢在纯氧中的爆炸极限为（D）。

    A. 2.3%～93%   B. 2.55%～80%

C. 4%～75%　　　　D. 4%～95%

177. 现用氧气胶管的颜色标志为（A）色。

A. 红　B. 黑　C. 蓝　D. 灰

178. 现用乙炔胶管的颜色标志为（B）色。

A. 红　B. 黑　C. 蓝　D. 灰

179. 金属的切割过程包括（D）三个阶段。

A. 预热-燃烧-熔化　B. 燃烧-熔化-吹渣

C. 预热-熔化-吹渣　D. 预热-燃烧-吹渣

180. 关于金属切割的条件，下列描述错误的是（C）。

A. 金属材料的燃点应低于熔点

B. 金属的氧化物熔点应低于金属的熔点

C. 金属燃烧时应是吸热反应

D. 金属中含阻碍切割和淬硬的元素杂质应少

181. 火焰能率是以（A）来表示的。

A. 每小时可燃气体的消耗量（L/h）

B. 火焰的大小

C. 火焰的温度

D. 氧气乙炔混合气体的流量

182. 火焰能率取决于（D）。

A. 每小时可燃气体的消耗量（L/h）

B. 火焰的大小

C. 火焰的温度

D. 氧气乙炔混合气体的流量

183. （A）的金属材料应选较大的火焰能率，才能保证焊透。

A. 焊接厚件、高熔点、导热性好

B. 焊接薄件、低熔点、导热性好

C. 焊接厚件、低熔点、导热性差

D. 焊接薄件、高熔点、导热性差

184. 焊嘴倾角与焊件的熔点、厚度、导热性以及焊接位置有关，倾角越大，则（A）。

A. 热量散失越少，升温越快　　B. 热量散失越多，升温越慢

C. 热量散失越少，升温越慢　　D. 热量散失越多，升温越快

185. 气割时，割嘴离割件表面的距离应根据预热火焰的长度及厚度来决定，通常火焰芯离开割件表面的距离应保持在（B）之内。

A. 1～3mm　 B. 3～5mm　 C. 5～8mm　 D. 8～10mm

186. 切割过程中割嘴沿气割方向应（B），保持焰芯距割件表面的距离及切割速度。

A. 前倾 20°～30°　　　B. 后倾 20°～30°

C. 前倾 40°～60°　　　D. 后倾 40°～60°

187. 终端的气割完成时，应（D）。

A. 先关闭乙炔，抬起割炬，再关闭切割氧，最后关闭预热氧

B. 先关闭预热氧，抬起割炬，再关闭乙炔，最后关闭切割氧

C. 先关闭切割氧，抬起割炬，再关闭预热氧，最后关闭乙炔

D. 先关闭切割氧，抬起割炬，再关闭乙炔，最后关闭预热氧

188. 焊接材料的储存库应保持适宜的温度及湿度。（D），室内应保持干燥、清洁，不得存放有害介质。

A. 室内温度应在 0℃以上，相对湿度不超过 60％。

B. 室内温度应在 5℃以上，相对湿度不超过 80％。

C. 室内温度应在 0℃以上，相对湿度不超过 80％。

D. 室内温度应在 5℃以上，相对湿度不超过 60％。

189. 焊前要求必须烘干的焊接材料（碱性低氢型焊条及陶质焊剂）如烘干后在常温下搁置（B）h 以上，在使用时应再次烘干。

A. 2　　 B. 4　　 C. 6　　 D. 8

190. 焊前要求必须烘干的焊接材料（碱性低氢型焊条及陶质焊剂），其烘干温度超过（D）℃的焊条累计的烘干次数一般不宜超过 3 次。

A. 100　　 B. 180　　 C. 250　　 D. 350

191. 焊接电缆的长度不应超过（C）。

A. 3～5m　 B. 5～20m　 C. 20～30m　 D. 30～50m

192. 焊接电缆中间接头不应多于（A）个。

A. 2　　B. 3　　C. 4　　D. 5

193. 关于焊接时常用的辅助工具角向磨光机的使用，下列描述不正确的是（D）。

A. 角向磨光机主要用于打磨坡口和焊缝接头或修磨焊接缺陷

B. 角向磨光机不得强力或冲击性使用

C. 角向磨光机的型号按砂轮片的直径编制

D. 角向磨光机的砂轮片直径越大，其电动机的功率越小

194. 下列关于焊机的使用和维护保养规定中不正确的是（C）。

A. 焊接设备机壳必须接地

B. 弧焊发电的电源开关必须采用磁力启动器，且必须使用降压启动器

C. 在焊钳与工件短接情况下启动焊接设备

D. 检修焊机故障，必须切断电源

195. 为防止电焊作业引起火灾、爆炸，离焊接作业点（C）以内及下方不得有易燃物品。

A. 1m　　B. 2m　　C. 5m　　D. 15m

196. 为防止电焊作业引起火灾、爆炸，离焊接作业点（C）以内不得有乙炔发生器或氧气瓶。

A. 2m　　B. 5m　　C. 10m　　D. 15m

1.2　判断题

1. 用中心投影法得到的图形不能反映物体的真实大小。（√）

2. 一张完整的装配图应包括一组视图、必要的尺寸、技术要求、标题栏、明细表和零件序号。（√）

3. 通常把空间物体的形象在平面上表达出来的方法称为投影法。（√）

4. 当投影线互相平行，并与投影面垂直时，物体在投影面上所得的投影，称为中心投影。（×）

5. 主视图确定了物体上、下、左、右四个不同部位，反映了物

体的长度和高度。（×）

6. 俯视图确定了物体前、后、上、下四个不同部位，反映了物体的宽度和长度。（√）

7. 三视图中，主俯视图长对正。（√）

8. 三视图中，俯左视图高平齐。（×）

9. 采用假想的剖切面将零件剖开，移去观察者和剖切面之间的部分将余下部分向投影面投影，所得的视图称为剖面图。（×）

10. 在具有对称平面的零件上，用一个剖切平面将零件剖开，去掉零件前半部分的一半，一半表达外形，一半表达内形，这种剖视图称为局部剖视图。（×）

11. 常用零件规定画法中，外螺纹图形的外径用粗实线表示，内径用细实线表示。（√）

12. 辅助符号是表示焊缝表面形状特征的符号。（√）

13. 相同焊缝数量符号标在基本符号的上侧。（×）

14. 补充符号是为了补充说明焊缝的某些特征而采用的符号。（√）

15. 焊缝基本符号有 13 种。（√）

16. V 符号是"V 形焊缝"的基本符号。（√）

17. 圆柱齿轮常用于传递平行轴间的传动。（√）

18. 圆锥齿轮和蜗轮与蜗杆常用于传递交叉两轴间的传动。（√）

19. 一对齿轮若要啮合，两者模数必须相等，齿形相同，若皆为标准齿轮，分度圆相切。（√）

20. 滚动轴承是一种支承旋转轴的标准部件，一般由外圈、内圈、滚动体、隔离圈 4 个部分所组成。（√）

21. 滚动轴承中的向心轴承主要承受轴向力。（×）

22. 一般密度大于 $3 \times 10^3 \, kg/m^3$ 的金属称为重金属。（×）

23. 纯金属和合金从固态向液态转变时的温度称为熔点，纯金属都有固定的熔点。（√）

24. 纯金属的导热性比合金差。（×）

25. 导热性能差的金属工件或坯料，加热或冷却时会产生内外温

24

差，导致内外不同的膨胀或收缩，产生应力、变形或破坏。（√）

26. 一般线胀系数近似为体胀系数的 3 倍。（×）

27. 纯金属的导电性比合金的导电性好。（√）

28. 金属的磁性与材料的成分和温度有关，当温度升高时，有的铁磁材料会消失磁性。（√）

29. 材料在外力作用下，抵抗塑性变形和破裂的能力称为刚度。（×）

30. 抗拉强度是材料在破坏前所能承受的最大应力。（√）

31. 延伸率和断面收缩率是表示材料塑性变形的重要指标。（√）

32. ψ 是断面收缩率的符号，数值愈大，材料的韧性越好。（×）

33. 在长期固定载荷作用下，即使载荷小于屈服强度，金属材料也会逐渐产生塑性变形的现象称为疲劳强度。（×）

34. 金属材料在加热或冷却时，若不考虑内部组织的变化，其体积变化规律一般都是热胀冷缩。（√）

35. 有甲、乙两个工件，甲工件硬度为 230HBS，乙工件的硬度是 HRC34，所以甲工件比乙工件硬的多。（×）

36. 金属材料的强度越高，则抵抗塑性变形的能力就越小。（×）

37. 利用金属材料的硬度值可近似地确定其抗拉强度值。（√）

38. 材料的硬度愈高，则其强度也愈高。（×）

39. 金属材料在无数次重复交变载荷作用下不致破坏的最大应力，称为冲击韧性。（×）

40. 碳素钢是指含碳量小于 2.11％的铁碳合金，碳钢中一般含有少量硅、锰、硫、磷等杂质。（√）

41. 优质碳素结构钢的牌号用两位数字表示，这两位数字同时表示该钢中平均含碳量的百分之几。（×）

42. 16Mn 钢属于普通低合金结构钢，其焊接性良好，当气温低于 5℃时需预热。（√）

43. 只要某种钢中含有铬，则该种钢一定是不锈钢。（×）

44. 钢中的镍含量越高，越易形成奥氏体组织，钢的耐蚀性就越好（√）

45. 不锈钢中的铬是提高抗腐蚀性能的最主要的合金元素之一。（√）

46. 金属的耐热性包括高温抗氧化性和高温强度两个部分。（√）

47. 通常把非铁合金称为有色金属。（√）

48. 形变铝合金都不能通过热处理进行强化。（×）

49. 纯铝牌号的符号用"L＋顺序号"表示，顺序号越大，纯度越低。（√）

50. 普通黄铜是铜与锌的合金。（√）

51. TU1、TU2 表示无氧铜。（√）

52. 玻璃一般为晶体，而大多数金属和合金为非晶体。（×）

53. 金属的结晶过程由晶核产生和长大两个基本过程组成。（√）

54. 晶粒的大小对金属的力学性能影响很大，一般晶粒越大，金属的力学性能越高。（×）

55. "过冷度"是指理论结晶温度与实际结晶温度之差。（√）

56. 金属在固态下随温度的变化，由一种晶格转变为另一种晶格的现象，称为再结晶。（×）

57. 凡晶体都有固定的熔点，而非晶体没有固定的熔点。（√）

58. 由金属结晶理论可知，先结晶的金属较纯，后结晶的金属杂质较多，并且聚集在晶界上。（√）

59. 晶粒越粗，金属的强度越好，硬度越高。（×）

60. 金属的同素异构转变是一个重结晶的过程。（√）

61. 同素异构转变属于固态转变，需要较大的过冷度，晶格的变化伴随体积的变化，转变时会产生较大的内应力。（√）

62. 合金只能是金属元素与金属元素通过熔炼或其他方法结合成的具有金属特性的物质。（×）

63. Fe-Fe$_3$C 相图表示在极缓慢加热（或冷却）条件下，铁碳合金的成分、温度与组织或状态之间关系的图形。（√）

64. 铁碳合金在室温时的组织是由铁素体和渗碳体的两相所组成。（√）

65. 影响奥氏体形成的因素包括加热温度、原始组织、化学成

分。（√）

66. 钢淬火时，理想的淬火冷却速度应是从高温到室温始终保持快速冷却。（×）

67. 回火的主要目的在于消除淬火造成的内应力，故回火与去应力退火无本质区别。（×）

68. 钢中的含碳量越高，淬火温度越高，晶粒越粗大，残余奥氏体含量越少。（×）

69. 间隙固溶体是有限固溶体。（√）

70. 在三种常见的金属晶格类型中，体型立方晶格排列最密。（×）

71. 淬火时采用冷速不均匀的冷却很容易产生裂纹。（√）

72. 碳溶解在 α-Fe 中形成的间隙固溶体为奥氏体。（×）

73. 珠光体是奥氏体和渗碳体的混合物。（×）

74. 碳在 α-Fe 中形成的过饱和间隙固溶体称为马氏体。（√）

75. 为了去除由于塑性变形、焊接等原因造成的以及铸件内存在的残余应力，而进行的退火称为完全退火。（×）

76. 为使钢中碳化物呈球状化而进行的退火称为球化退火。（√）

77. 将工件加热到临界点以上 $30\sim50℃$，保温适当的时间后，在空气中冷却的热处理工艺称为正火。（√）

78. 淬火获得马氏体或贝氏体具有很高的硬度，是热处理所要求的最终组织。（×）

79. 淬火后的工件必须及时进行回火。（√）

80. 铸铁石墨化退火的目的是为了降低硬度和改善加工性能。（√）

81. 灰口铸铁具有良好的切削性能。（√）

82. 球墨铸铁经调质后，得到的组织为回火索氏体加球状石墨，具有较好的综合力学性能。（√）

83. 电流的方向习惯上规定为正电荷定向移动的方向，在金属导体中电流的方向与自由电子定向移动的方向相同。（×）

84. 电量的单位为安培。（×）

85. 磁场看不见，摸不着，可通过磁力的作用证明它的客观存在。（√）

86. 通电导体在磁场中所受的作用力的方向与磁场的方向和通过导体的电流的方向有关。（√）

87. 常用法拉第电磁感应定律判断感应电动势的方向。（×）

88. 常用楞次定律计算感应电动势的大小。（×）

89. 交流电是指大小和方向随时间作周期性变化的电流，交流电一定是按正弦规律变化的交流电。（×）

90. 交流电每变化一次所需的时间称为周期。（√）

91. 我国使用的工频交流电频率为 50Hz，周期为 0.02s。（√）

92. 三相对称交流电动势是指同时作用有三个大小相等、频率相同、初相角互差120°的电动势。（√）

93. 变压器的作用除了改变电压之外，还可以改变电流，变换相位，变换阻抗等，它是输配电系统中和电子电路中的一种重要电气设备。（√）

94. 各种变压器都是利用电磁感应的原理工作的。（√）

95. 改变变压器的初、次级绕组的匝数时，可以达到升高或降低电压的目的。（√）

96. 导线的电阻与其长度无关。（×）

97. 空载电压是弧焊电源本身所具有的一个电特性，所以和焊接电弧的稳定燃烧没有关系。（×）

98. 空载电压高则引弧容易，因此弧焊电源的空载电压越高越好。（×）

99. 动特性是用来表示弧焊电源对负载瞬变的快速反应能力。（√）

100. 弧焊电源空载时，由于输出端没有电流，所以不消耗电能。（×）

101. 弧焊变压器类及弧焊整流类电源都是以额定焊接电流表示其基本规格。（√）

102. 弧焊电源的种类应根据焊条药皮的性质来选择。（√）

28

103. 电弧电压与焊接电流之间的关系是线性关系。（×）

104. 电焊设备的带电部分必须符合绝缘标准要求，其绝缘电阻值均不得小于 $1k\Omega$。（×）

105. 将正常情况下不带电的金属壳体，用导线和接地极与大地连接起来以保障人身安全的措施为保护接零。（×）

106. 保护接地适用于三相四线制电源。（×）

107. 对于比较干燥而触电危险较大的环境，规定安全电压为 50V。（×）

108. 因焊机的空载电压远大于安全电压，所以采用空载自动断电保护装置，不但可以避免更换焊条及其他辅助作业时产生触电危险，同时还可以减少空载运行时的电力损耗。（√）

109. 压焊是工业生产中应用最广泛的一种焊接方法。（×）

110. 直流电弧由阴极区、阳极区和弧柱区组成，焊接电弧中三个区域的温度分布是均匀的。（×）

111. 发生电弧磁偏吹时，电弧一般偏向连接导线的一侧。（×）

112. 使用交流电源时，由于极性不断变换，所以焊接电弧的磁偏吹要比采用直流电源时严重。（×）

113. 焊接热输入是一个综合焊接电流、电弧电压和焊接速度的焊接参数。（√）

114. 电弧拉长时，电弧电压降低，电弧缩短时，电弧电压升高。（×）

115. 焊接电源输出电压与输出电流之间的关系称为电源外特性。（√）

116. 酸性焊条可同时采用交、直流两种电源，一般优先选用交流弧焊机。（√）

117. 碱性焊条电弧稳定性好，一般使用交流弧焊机。（×）

118. 平焊位置焊接时，可选择偏大些的焊接电流。（√）

119. 横、立、仰焊位置焊接时，焊接电流应比平焊位置大 10%～20%。（×）

120. 焊接参数对保证焊接质量是十分重要的。（√）

121. 角焊电流应比平焊电流稍大一些。(√)

122. 焊接时，焊接速度过慢，热影响区加宽，晶粒粗大，变形也大。(√)

123. 焊接时，未焊透、未熔合、焊缝成形不良等缺陷一般是由于焊接速度过快造成的。(√)

124. 厚板焊接时，不得采用多层焊或多层多道焊，因为后一条焊道对前一条焊道的热处理作用，不利于提高焊缝金属的塑性和韧性。(×)

125. 埋弧焊保护效果好，没有飞溅，焊接电流大，热量集中，电弧穿透能力强，焊缝熔深大，且焊接速度快。(√)

126. 埋弧焊若电流过小，则会使热影响区过大，易产生焊瘤及焊件被烧穿等缺陷。(×)

127. 埋弧焊若焊接电压过大时，焊剂熔化量增加，电弧不稳定，严重时会产生咬边和气孔等缺陷。(√)

128. 埋弧焊，当焊接电流不变时，减小焊丝直径，因电流密度增加，熔深增大，焊缝成形系数减小。(√)

129. TIG 焊又称埋弧焊。(×)

130. 大多数金属材料均可采用氩弧焊进行焊接，化学性质活泼的金属特别适宜于氩弧焊焊接。(√)

131. 不锈钢、耐热钢等材料适宜于采用氩弧焊进行焊接。(√)

132. 钨极氩弧焊，被焊材料是低合金高强度钢、不锈钢、耐热钢、铜、钛及其合金时，选择直流反极性。(×)

133. 钨极氩弧焊，被焊材料是铝、镁及其合金时，一般选择交流电源。(√)

134. 钨级氩弧焊钨极直径的选择依据主要有焊件厚度、焊接电流大小和电源极性。(√)

135. 钨级氩弧焊如果钨极直径选择不当，将造成电弧不稳定，钨棒烧损严重和焊缝夹钨等缺陷。(√)

136. 钨极氩弧焊尽量采用长弧焊。(×)

137. 焊接过程中，焊缝和热影响区金属冷却到固相线附近的高

温区产生的焊接裂纹叫热裂纹。（√）

138. 为减少焊接冷裂纹，焊接淬硬性较高的低合金高强度钢时，应采用低合金钢焊条。（×）

139. 防止层状撕裂的措施是严格控制钢材的含碳量。（×）

140. 埋弧焊时由于焊缝大，焊缝厚度深，气体从熔池中逸出困难，故生成气孔的倾向比手弧焊大得多。（√）

141. 当采用未经很好烘干的焊条进行焊接时，使用交流电，焊缝最易出现气孔。（√）

142. 焊接速度增加，焊接电流增大，电弧电压升高都会使气孔倾向减少。（×）

143. 焊剂在焊前按规定严格烘干，并存放于保温桶中，做到随用随取。（√）

144. 随着焊缝中含氧量的增加，其强度、硬度和塑性明显下降，同时还会引起金属的热脆、冷脆和时效硬化。（√）

145. 低氢型药皮的焊条必须采用直流焊接电源。（×）

146. 焊条药皮与焊芯的重量之比称为药皮重量系数。（√）

147. H08MnSiA 焊丝中的"H"表示焊接。（×）

148. E4303 焊条药皮中含有较多的氧化铁及锰铁脱氧剂，因此，适用于全位置焊接。（×）

149. 焊缝就是焊接接头。（×）

150. 焊条电弧焊的焊接方法代号是"141"。（×）

151. 板材对接焊时，焊前应在坡口及两侧 20mm 范围内，将油污、铁锈、氧化物等清除干净。（√）

152. 焊条的直径不同，但焊条的长度是一样的。（×）

153. 焊条直径实际上指的是焊芯的直径。（√）

154. 焊条直径是以焊条的外径来表示的。（×）

155. 焊条上压涂在焊芯表面上的涂料称焊剂。（×）

156. 酸性焊条的焊缝，其塑性和冲击韧性等力学性能比碱性焊条低。（√）

157. 碱性焊条的脱氧、脱硫、脱磷能力低，热裂纹倾向大。（×）

158. 酸性焊条焊接工艺性较好，对弧长、铁锈不敏感，焊缝成形好，脱渣性好，广泛用于一般结构。（√）

159. 焊接时为防止氢气孔在药皮、焊剂中加入 CaF_2，可在高温下与氢形成稳定且不溶于液态金属的 HF 气体，降低熔池中的含氢量。（√）

160. 碱性药芯焊丝，焊接速度增加时气孔消失。（×）

161. 在酸性焊条药皮中加入碱金属氧化物和碱土金属氧化物，可增大熔渣黏度。（×）

162. 碱性焊条的工艺性能差，引弧困难，电弧稳定性差，飞溅较大，不易脱渣，应该采用长弧焊。（×）

163. 非合金钢及细晶粒钢焊条型号 E 后面紧邻两位数字表示熔敷金属的最小抗拉强度代号。（√）

164. 非合金钢及细晶粒钢焊条型号 E 后面第三和第四两位数字表示药皮类型、焊接位置和电流类型。（√）

165. 焊条型号按熔敷金属力学性能、药皮类型、焊接位置、电流类型、熔敷金属化学成分和焊后状态等进行划分。（√）

166. 焊剂中含有一定数量的萤石，它有去氢作用，可防止焊缝中产生氢气孔。（√）

167. 焊剂中的萤石和氧化锰对熔池金属有去磷作用，可防止焊缝中产生裂纹。（×）

168. 烧结焊剂是目前生产中应用最广泛的一种焊剂。（×）

169. 熔炼焊剂的主要优点是化学成分均匀，可以获得性能均匀的焊缝。（√）

170. 可以在粘结焊剂中添加铁合金，增大焊缝金属合金化。（√）

171. 氩弧焊中可在熔池上方形成一层较好覆盖层的原因是氩气比空气轻。（×）

172. 钨是一种难熔金属材料，耐高温，其熔点在 3000℃ 以上，沸点接近 6000℃，导电性好，强度高。（√）

173. 氩弧焊时，钨极作为负极，起传导电流、引燃电弧和维护电弧正常燃烧的作用。（√）

174. 随着低碳合金钢强度等级的提高，热影响区的淬硬倾向也随着变大。（√）

175. 焊接接头包括焊缝区、熔合区和热影响区。（√）

176. 再热裂纹是焊接结构件焊后产生的，多产生于焊缝。（×）

177. 夹钨易使焊缝金属变脆。（√）

178. 当焊接材料杂质较多时，减小熔合比可以提高焊缝金属的性能。（√）

179. 焊接速度越大，焊接热输入也越大。（×）

180. 焊接是一个均匀加热和冷却的过程，从而形成一个组织和性能均匀的焊接热影响区。（×）

181. 焊前清除坡口表面的铁锈、油污、水分的目的是提高焊缝金属强度。（√）

182. 熔合区存在着严重的物理和化学不均匀性，是焊接接头中的薄弱部位。（√）

183. 热轧、正火钢焊接时，应选择与母材成分相同的焊接材料。（×）

184. 珠光体耐热钢一般在预热状态下焊接，焊后大多数要进行高温回火处理。（√）

185. 所有的焊接接头中，以对接接头的应用最广泛。（√）

186. 根据设计或工艺要求，在焊件的待焊部位加工成一定几何形状的沟槽称为坡口。（√）

187. 根部间隙和根部半径的作用均是保证或促使根部焊透。（√）

188. 仰焊时尽量使用厚药皮焊条和维持最短的电弧。（√）

189. 焊缝表面与母材的交界处称为焊趾。（√）

190. 单道焊缝横截面中，两焊趾之间的距离称为余高。（×）

191. 焊缝的余高大于焊缝的厚度。（×）

192. 熔焊时，在单道焊缝横截面上焊缝宽度与计算厚度之比值，称为焊缝成形系数。（√）

193. 熔焊焊缝的成形系数是指单道焊缝横截面上，焊缝宽度 B 与焊缝计算厚度 H 的比值为 $\phi = B/H$。（√）

194. 焊接工艺参数中，电流是影响焊缝厚度的主要因素。（√）

195. 焊接工艺参数中，电压是影响焊缝宽度的主要因素。（√）

196. 焊接过程中，当焊接速度增加时，焊缝厚度和焊缝宽度都有所增加。（×）

197. 焊接过程中，当电极直径增加时，焊缝厚度和焊缝宽度将增加。（√）

198. 焊接时，电极（或焊丝）相对焊件前倾，则焊缝成形系数增加，熔深浅，焊缝宽。（√）

199. 焊接薄板时，电极（或焊丝）应相对焊件后倾。（×）

200. 焊条电弧焊时，电弧长度大于焊条直径成为长弧焊。（√）

201. 焊条电弧焊时，焊缝的熔深越深，焊缝强度越高。（×）

202. 埋弧焊焊缝金属的塑性比焊条电弧焊好。（√）

203. 埋弧焊的熔池存在时间较长，冶金反应接近平衡状态，所以降低焊接速度有利于氧化物的析出，从而使焊缝的含氧量增加。（×）

204. 钨极氩弧焊接，焊丝的主要作用是作填充金属形成焊缝。（√）

205. 手工钨极氩弧焊气流量越大，则保护效果越好。（×）

206. 钨极氩弧焊时，焊接电流主要是根据焊丝直径来选择。（√）

207. 采用钨极氩弧焊方法焊接时，焊缝金属容易出现气孔。（×）

208. 碳弧气刨时，为了提高碳棒的导电性能，碳棒表面应镀铜。（√）

209. 碳弧气刨结束时，应先关闭电流，然后再关闭压缩气体阀门。（√）

210. 自动电弧焊时，应避免下坡焊。（×）

211. 为保证焊件尺寸，提高装配效率，防止焊接变形所采用的夹具称焊接夹具。（√）

212. 手锯的锯条安装，锯齿应向前。（√）

213. 乙炔是易爆气体，乙炔一旦产生泄漏，极易造成严重的爆炸事故。（√）

214. 氧与乙炔混合燃烧所形成的火焰称为氧乙炔焰，氧乙炔焰是目前气焊中主要采用的火焰。（√）

215. 氧乙炔焰中，乙炔充分燃烧，并无过剩的氧和乙炔，称为中性焰。（√）

216. 氧乙炔焰中，乙炔有过剩时燃烧所形成的火焰，称为氧化焰。（×）

217. 氧乙炔焰中有过量的氧时，在焰心外形成富氧化性的富氧区。（√）

218. 气割是利用气体火焰的热能将工件切割处预热到一定温度（燃点），喷出高速切割氧流使其燃烧并放出热量，来实现切割的方法。（√）

219. 切割完工后，应关闭氧气与乙炔瓶阀，松开减压阀调节螺钉，放出胶管内的余气，卸下减压阀。（√）

220. 利用管子和管板变形来达到坚固和密封的连接方法称为搭接。（×）

1.3 计算题

1. 有一块钢板，长 4m、宽 2m，钢板的厚度为 40mm，试求该钢板重量（钢的密度 $\rho = 7.85t/m^3$）?

解：钢板体积 $V = 4 \times 2 \times 0.04 = 0.32m^3$

钢的密度为 $7.85t/m^3$

钢板重量＝体积×密度＝$0.32 \times 7.85 = 2.512t$

答：此钢板重 2.512t。

2. 将 1m 长的黄铜棒与另一根黄铜棒进行焊接，焊接中黄铜棒温度由 20℃升高到 200℃，这时 1m 长的黄铜棒的长度为多少。（黄铜棒的线胀系数为 $17.8 \times 10^{-6}/℃$）

解：由公式 $\alpha_1 = \dfrac{l_2 - l_1}{l_1 \Delta t}$，$l_2 = \alpha_1 l_1 \Delta t + l_1$ 得：

$\alpha_1 = 17.8 \times 10^{-6}/℃$

$l_1 = 1\text{m}$

$\Delta t = 200 - 20 = 180℃$

得：$l_2 = \alpha_1 l_1 \Delta t + l_1 = 17.8 \times 10^{-6} \times 1 \times 180 + 1 = 1.003204\text{m}$

答：此时 1m 长的铜棒的长度是 1.003204m。

3. 有一个直径 $d_0 = 10\text{mm}$，$l_0 = 100\text{mm}$ 的低碳钢试样，拉伸试验时测得 $F_S = 21\text{kN}$，$F_b = 29\text{kN}$，$d_1 = 5.65\text{mm}$，$l_1 = 138\text{mm}$。求此试样的 σ_s、σ_b、δ、ψ。

解：（1）计算 S_0、S_1：

$$S_0 = \frac{\pi d_0^2}{4} = \frac{3.14 \times 10^2}{4} = 78.5\text{mm}^2$$

$$S_1 = \frac{\pi d_1^2}{4} = \frac{3.14 \times 5.65^2}{4} = 25\text{mm}^2$$

（2）计算 σ_s、σ_b：

$$\sigma_S = \frac{F_S}{S_0} = \frac{21000}{78.5} = 267.5\text{N/mm}^2$$

$$\sigma_b = \frac{F_b}{S_0} = \frac{29000}{78.5} = 369.4\text{N/mm}^2$$

（3）计算 δ、ψ：

$$\delta = \frac{l_1 - l_0}{l_0} \times 100\% = \frac{138 - 100}{100} \times 100\% = 38\%$$

$$\psi = \frac{S_0 - S_1}{S_0} \times 100\% = \frac{78.5 - 25}{78.5} \times 100\% = 68\%$$

答：此低碳钢的 σ_s 为 267.5N/mm^2、σ_b 为 369.4N/mm^2、δ 为 38%、ψ 为 68%。

4. 有一试样，在做冲击试验时，测得缺口尺寸为 10mm×8mm，冲断试样所消耗的冲击功为 50J。试求该试样的冲击韧度值。

解：依据公式求冲击韧度值 α_K

$$\alpha_K = \frac{A}{S} = \frac{50}{1 \times 0.8} = 62.5\text{J/cm}^2$$

答：该试样的冲击韧度值为 62.5J/cm^2

5. 在下面第 5 题图（a）、（b）两图中，已知磁感应强度 $B =$

0.1Wb/m²，导线在磁场中的有效长度 $L=0.5$m，导线中电流 $I=12$A，分别求下图（a）、（b）载流导线受力的大小和方向。

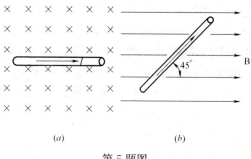

（a）　　　　　　　（b）

第 5 题图

解：（1）在图（a）中，载流导线与磁场之间的夹角 $\alpha=90°$，依据公式：

$F=BIL\sin\alpha=0.1\times12\times0.5\times\sin90°=0.6$N

由左手定则知：力的方向和载流导线垂直，指向上方。

（2）在图（b）中，载流导线与磁场之间的夹角 $\alpha=45°$，依据公式：

$F=BIL\sin\alpha=0.1\times12\times0.5\times\sin45°=0.424$N

由左手定则知：力的方向垂直纸面，指向里面。

答：图（a）、图（b）载流导线受力大小及方向如上所述。

6. 在下图中已知导线长 $L=0.4$m，在磁感应强度 $B=0.5$Wb/m² 中以 $v=5$m/s 的速度切割磁力线，试计算当导线运动方向与磁力线之间的夹角分别为 $0°$、$60°$、$90°$时，导体两端产生的感生电动势值。

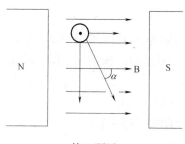

第 6 题图

解：依公式 $E=BLv\sin\alpha$

当 $\alpha=0°$ 时，$E=BLv\sin\alpha=0.5\times0.4\times5\times\sin0°=0V$

当 $\alpha=60°$ 时，$E=BLv\sin\alpha=0.5\times0.4\times5\times\sin60°=0.866V$

当 $\alpha=90°$ 时，$E=BLv\sin\alpha=0.5\times0.4\times5\times\sin90°=1V$

答：导线两端产生的感生电动势分别为 0V、0.866V 和 1V。

7. 某变压器的输入电压为 220V，输出电压为 42V，原绕组 880 匝，现接一电压为 42V、200W 的用电器，求（1）次级绕组匝数；（2）初、次级绕组中的电流。

解：（1）由公式 $\dfrac{I_1}{I_2}=\dfrac{U_2}{U_1}=\dfrac{N_2}{N_1}$

得：$N_2=\dfrac{U_2}{U_1}\times N_1=\dfrac{42}{220}\times880=168$ 匝

（2）由公式 $P_2=I_2U_2$

得：$I_2=\dfrac{P_2}{U_2}=\dfrac{200}{42}=4.76A$

$I_1=\dfrac{U_2}{U_1}\times I_2=\dfrac{42}{220}\times4.76=0.91A$

答：次级绕组匝数为 168 匝，次级绕组的电流为 4.76A，初级绕组的电流为 0.91A。

8. 试求工频电流的周期 T 和角频率 ω。

解：工频电流的周期是 50Hz，由公式：$T=\dfrac{1}{f}$ $\omega=2\pi f$

得：$T=\dfrac{1}{50}=0.02s$

$\omega=2\pi\times50=100\pi rad/s$

答：工频电流的周期为 0.02s，角频率为 $100\pi rad/s$

9. 用手工电弧焊一钢结构，选用 E5015、φ4.8 焊条，求应选用多大的焊接电流？

解：焊接电流 $I=(35\sim55)d$

$\qquad\quad=(35\sim55)\times4.8$

$\qquad\quad=168\sim264A$

答：应选用焊接电流为 168～264A。

10. 已知碳棒规格为 $\phi5\times355$，该碳棒碳弧气刨时刨削电流应选多大。

解：由经验公式：$I=(30\sim50)\times d$

得：$I=(30\sim50)\times5=150\sim250$A

答：该碳棒碳弧气刨时刨削电流选 150～250A。

1.4　简答题

1. 什么是正投影法？正投影法有什么特点？三视图的投影规律是什么？

答：投射线与投影面相垂直的平行投影法，称为正投影法。在正投影法中，投射线相互平行且垂直于投影面，平行于投影面的平面图形的投影反映该平面图形的真实形状和大小。

从三视图中，主视图和俯视图都反映了物体的长度，主视图和左视图都反映了物体的高度，俯视图和左视图都反映了物体的宽度。即主、俯、左三个视图之间的投影关系为：

主、俯视图长对正；

主、左视图高平齐；

俯、左视图宽相等。

三视图之间的这种投影关系也称为视图之间的三等关系（三等规律）。

2. 什么是图样中的焊缝符号？焊缝符号由哪些符号构成，它们各表示的内容是什么？

答：在图纸上标注的表示焊接方法、焊缝形式和焊缝尺寸的符号称为焊缝符号。

焊缝符号由基本符号、辅助符号、引出线和焊缝尺寸符号等组成。

焊缝符号中，表示焊缝横截面形状的符号称为基本符号。它采用近似于焊缝横剖面形状的符号来表示。

焊缝符号中，表示焊缝表面形状特征的符号称为辅助符号。

引出线是将图纸上的焊缝与焊缝的代号连接在一起的线，由指引线和横线组成。

焊缝符号标注在横线上。必要时，可在横线末端加一尾部，作为其他说明之用（如焊接方法等）。

3. 什么是金属材料的力学性能？常用的力学性能指标有哪些？

答：力学性能是指金属材料在外力作用下所表现出来的特性。

金属材料常用的力学性能指标有：强度、塑性、硬度、冲击韧性和疲劳强度等。

4. 什么是碳钢？碳钢按含碳量如何进行分类？

答：碳素钢（简称碳钢）是碳的质量分数 $<2.11\%$ 并含有少量硅、锰、磷、硫等杂质的铁碳合金。

碳钢按含碳的质量分数分为低碳钢、中碳钢和高碳钢。

低碳钢含碳质量分数 $<0.25\%$；

中碳钢含碳质量分数 $0.25\%\sim0.60\%$；

低碳钢含碳质量分数 $>0.60\%$。

5. 什么是合金钢？合金钢按所含合金元素总含量如何进行分类？

答：合金钢是在碳钢的基础上，为了某种需要，有目的的加入一种或多种合金元素的钢。

合金钢按所含合金元素的总质量分数分为低合金钢、中合金钢和高合金钢。

低合金钢含合金总质量分数 $<5\%$；

中合金钢含合金总质量分数 $5\%\sim10\%$；

高合金钢含合金总质量分数 $>10\%$

6. 什么是同素异构转变？同素异构转变与结晶相比有什么特点？

答：金属在固态下随温度的改变，由一种晶格转变为另一种晶格的现象，称为同素异构转变。金属的同素异构转变是一个重结晶的过程，遵循着结晶的一般规律：结晶是晶核不断形成和不断长大的过程，有一定的转变温度，转变时需要过冷度，有潜热产生。但同素异构转变属于固态转变，具有转变需要更大的过冷度，晶格的变化伴随着体积的变化，转变时会产生较大的内应力等特点。

7. 什么是材料的热处理？材料的常用热处理方法有哪些？

答：热处理是采用适当的方式对金属材料或工件进行加热、保温和冷却，以获得预期的组织结构与性能的工艺。

常用的热处理方法有：退火、正火、淬火和回火。

8. 什么是退火？常用的退火方法有哪几种？简述其工艺及应用。

答：退火是一种金属热处理工艺，指的是将金属缓慢加热到一定温度，保持足够时间，然后以适宜速度冷却。目的是降低硬度，改善切削加工性；消除残余应力，稳定尺寸，减少变形与裂纹倾向；细化晶粒，调整组织，消除组织缺陷。

常用的退火工艺有：完全退火、球化退火、去应力退火等。

(1) 完全退火。用以细化中、低碳钢经铸造、锻压和焊接后出现的力学性能不佳的粗大过热组织。将工件加热到铁素体全部转变为奥氏体的临界温度（A_{C3}）以上 30～50℃，保温一段时间，然后随炉缓慢冷却，在冷却过程中奥氏体再次发生转变，即可使钢的组织变细。

(2) 球化退火。用于高碳钢，将工件加热到铁素体开始形成奥氏体的临界温度（A_{C1}）以上 20～40℃，保温后缓慢冷却，在冷却过程中珠光体中的片层状渗碳体变为球状，从而降低了硬度。

(3) 去应力退火。用以消除钢铁铸件和焊接件的内应力。将工件加热到铁素体开始形成奥氏体的临界温度以下（A_{C1}）100～200℃，保温后在空气中冷却，即可消除内应力。

9. 预防触电事故技术措施有哪些？

答：触电是电流通过人体内部器官，破坏人的心脏、肺部、神经系统等，使人出现痉挛、呼吸窒息、心室纤维性颤动、心跳骤停甚至死亡。如果人体不接触带电体，或带电导体电压很低，或带电体与大地电位相等，或采用漏电保护装置等措施可预防触电事故的发生。

预防触电事故常采用下述措施：

(1) 隔离，即安全距离或屏护；

(2) 绝缘；

(3) 保护接地；

(4) 保护接零；

(5) 保护切断与漏电保护装置；

(6) 安全电压；

(7) 焊机空载自动断电保护装置。

10. 什么是焊接电弧？焊接电弧的引燃一般有哪两种方式？简述其具体应用方法。

答：焊接电弧是指由焊接电源供给的具有一定电压的两电极或电极与焊件间气体介质中产生的强烈而持久的放电现象。

电弧引燃的方式一般有接触式引弧和非接触式引弧。

接触式引弧包括点击法、划擦法。即将焊条与焊件接触短路产生短路电流，然后迅速将焊条提起 2mm～4mm，这时焊条与焊件表面之间立即产生一个电压，即焊机空载电压，使空气电离而产生电弧，接触式引弧主要用于手工电弧焊和埋弧自动焊中。

非接触式引弧主要有高压脉冲引弧、高频高压振荡引弧。利用高压（2000～3000V）直接将两电极间的空气间隙击穿电离，引发电弧。由于高压对人身有危险，所以通常将其频率提高到150～260kH。高频高压引弧法主要用于氩弧焊、等离子电弧焊中。

11. 什么是电弧的静特性曲线？在不同焊接方法中如何应用？

答：在弧长固定，电弧稳定燃烧时，电弧电压与电流之间的关系曲线称为电弧静特性，如下图所示。A段为小电流密度区，随着电流的增加，电弧电压急剧下降，称为负阻特性区，也称为下降特性区。B段是中等电流密度区，电流增加，电弧电压几乎不变，称为水平特性区。C段是大电流密度区，随着电流的增加，电弧电压明显上升，称为上升特性区。

不同焊接方法使用的静特性区段不同；A、B段适用于焊条电弧焊，C段适合于熔化极气保焊和等离子弧焊。

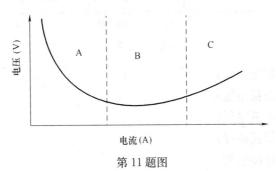

第11题图

12. 什么是电源的外特性？电源外特性曲线有哪些类型？手弧焊焊接应如何选用？

答：焊接电源输出电压与输出电流之间的关系称为电源的外特性，外特性用曲线表示，称为外特性曲线。

弧焊电源外特性曲线有上升外特性、水平外特性、下降外特性和陡降外特性等，如第12题图所示。

电弧的静特性曲线与电源的外特性曲线的交点即电弧燃烧的工作点。手弧焊焊接时要采用具有陡降外特性的电源。

13. 手工电弧焊的工艺参数有哪些？

答：为保证焊接质量，手工电弧焊应根据具体焊接条件情况选择好下列工艺参数：

（1）焊条种类和牌号；

（2）焊接电源种类和极性；

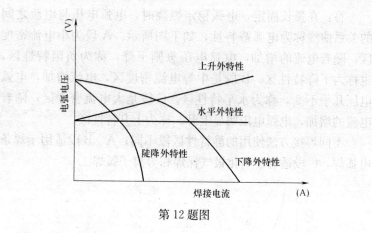

上升外特性

水平外特性

陡降外特性

下降外特性

电弧电压

焊接电流 (A)

(V)

第 12 题图

（3）焊条直径；

（4）焊接电流；

（5）电弧电压；

（6）焊接速度；

（7）焊接层数。

14. 手工电弧焊如何选择焊接电流？

答：选择焊接电流要考虑焊条直径、药皮类型、工件厚度、接头类型、焊接位置、焊道层次等。其中最主要的是焊条直径、焊接位置和焊道的层次。

（1）焊条直径越粗，焊接电流越大，一般计算公式为：$I=(35\sim55)d$；

（2）角焊、平焊位置可选择偏大些的电流，横、立、仰焊位置时，焊接电流应比平焊位置小 $10\%\sim20\%$；

（3）打底和盖面时焊接电流稍小一些，焊道填充时，为提高效率，焊接电流可稍大些。

15. 试述埋弧焊的优缺点。

答：埋弧焊的优点：

（1）生产效率高；

（2）焊接质量好；

（3）节省材料和电能；

（4）降低劳动强度，改善劳动条件。

埋弧焊的缺点：

（1）只适用于水平（俯位）位置焊接；

（2）难以焊接铝、钛等氧化性强的金属和合金；

（3）设备较复杂；

（4）不适合焊接厚度小于 1mm 的薄板；

（5）由于熔池较深，对气孔敏感性大。

16. 简述钨极氩弧焊的基本原理和特点。

答：氩弧焊是使用惰性气体氩气作为保护气体的一种电弧焊接方法，它是利用从焊枪喷嘴中喷出的氩气流，在电弧区形成严密封闭的保护层将金属熔池与空气隔绝，以防止空气的侵入，同时利用电弧产生的热量，来熔化填充焊丝和基本金属，液态金属熔池冷却后形成焊缝。

氩弧焊与其他电弧焊接方法相比，具有如下的特点：

（1）氩气保护性能优良，基本上是金属熔化与结晶的简单过程，能获得较为纯净及质量高的焊缝。

（2）由于电弧受到氩气气流的压缩和冷却作用，电弧热量集中，同时氩弧的温度又很高，因此，热影响区很窄，焊接变形与应力均小，裂纹倾向也小，尤其适用于薄板焊接。

（3）氩弧焊是明弧焊，操作及观察较方便，故容易实现焊接过程的机械化和自动化。在一定条件下可进行各种空间位置的焊接。

（4）可焊的材料范围很广，几乎所有的金属材料都可以进行氩弧焊，特别适宜焊接化学性质活泼的金属和合金。通常，多用于焊接铝、钛、铜及其低合金钢，不锈钢及耐热钢等。

（5）成本高，目前主要用于打底焊和有色金属的焊接；

（6）氩弧焊电势高，引弧困难，需要采用高频引弧及稳弧装置；

（7）氩弧焊产生的紫外线是手弧焊的 5～30 倍，放射性的钍钨极等对焊工危害较大。

17. 简述焊接热裂纹的产生原因及防治方法。

答：焊接过程中，焊缝的热影响区的金属冷却到固相线附近的高温区产生的焊接裂纹叫热裂纹。

产生原因：是由于熔池冷却结晶时，受到拉应力作用，而凝固时，低熔点共晶体形成液态薄层共同作用的结果。（增大任何一方面的作用，都能促使形成热裂纹）

防治方法：

（1）控制焊缝中有害杂质的含量（碳、硫、磷）；

（2）预热：以降低冷却速度，改善应力状况；

（3）采用碱性焊条（熔渣具有较强的脱硫脱磷能力）；

（4）控制熔池形状，尽量避免得到深而窄的焊缝；

（5）采用收弧板。即使发生弧坑裂纹也不影响焊件本身。

18. 什么是焊接冷裂纹？焊接冷裂纹产生的原因的什么？如何防治？

答：焊接接头冷却到较低温度时（对钢来说 M_s 温度以下或 $200\sim300℃$）产生的焊接裂纹（主要发生在中碳钢、低合金钢和中合金高强度钢中）称为焊接冷裂纹。

产生原因：

（1）焊材本身具有较大的淬硬倾向；

（2）焊接熔池中熔池溶解了一定量的氢；

（3）焊接接头在焊接过程中产生了较大的拘束应力。

防治方法：（从减少上述三个因素的影响和作用着手）

（1）烘干焊条和焊剂，以减少氢的来源；

（2）采用低氢型碱性焊条和焊剂；

（3）焊接较强的低合金高强度钢时，采用奥氏体不锈钢焊条；

（4）焊前预热；

（5）后热（将焊件进行加热或保温缓冷的措施，使氢有效地溢出）。

（6）适当增加焊接电流，减慢焊接速度，可减慢热影响区冷却速度，防止形成淬硬组织。

19. 什么是焊接再热裂纹？焊接再热裂纹产生的位置和条件是什么？如何防治？

答：焊后焊件在一定温度范围再次加热（消除应力热处理或其他热过程如多层焊时）而产生的裂纹，叫再热裂纹。

再热裂纹一般发生在熔点附近，被加热至 $1200 \sim 1350\text{℃}$ 的区域中，产生的加热温度对低合金高强度钢大致为 $580 \sim 650\text{℃}$。当钢中含铬、钼、钒等含金元素较多时，热裂纹倾向增加。

防治措施：

（1）控制母材中铬、钼、钒等含金元素的含量；

（2）减少结构钢焊接残余应力；

（3）在焊接过程中采取减少焊接应力的工艺措施，如使用小直径焊条，小参数焊接，焊接时不摆动焊条等。

20. 什么是焊接气孔？气孔产生的原因是什么？如何防治？

答：焊接时，熔池中的气泡在凝固时未能逸出，残存下来形成的空穴叫气孔。

（1）气孔产生的原因：

1）铁锈和水分；

2）焊接方法，如埋弧焊时由于焊缝大，焊缝厚度深，气体从熔池中溢出困难，故生成气孔的倾向比手弧焊大得多。

3）焊条种类，碱性焊条比酸性焊条对铁锈和水分的敏感性大得多，即在同样的铁锈和水分含量下，碱性焊条十分容易产生气孔。

4）电流种类和极性，当采用未经很好烘干的焊条进行焊接时，使用交流电源，焊缝最容易出现气孔；直流正接气孔和倾向较小；直流反接气孔倾向最小。采用碱性焊条时，如果使用直流正接，则生成气孔的倾向显著增大。

5）焊接工艺参数，焊接速度增加，焊接电流增大，电弧电压升高都会使气孔倾向增加。

（2）防治方法：

1）对手弧焊焊缝两侧各 10mm，埋弧自动焊两侧各 20mm 内，仔细清除焊件上的铁锈等污物。

2）焊条、焊剂在焊前按规定严格烘干，并放置保温桶中，做到随用随取。

3）采用合适的焊接工艺参数，使用碱性焊条焊接时，一定要短弧焊接。

21. 简述焊接区中氢的来源及危害。

答：氢主要来源于焊条药皮、焊剂中的水分、药皮中的有机物、焊件和焊丝表面的污物（铁锈、油污）、空气中的水分。

氢是焊缝十分有害的元素，它的主要危害有：

（1）氢脆性 引起钢的塑形严重下降；

（2）产生气孔和冷裂纹；

（3）白点 碳钢和低合金钢焊缝如含氢量较多，常常会在焊缝金属的拉断面上出现鱼目状的白色圆形斑点，称为白点。直径一般为 0.5～3mm。白点的出现使焊缝金属的塑性大大下降。

22. 什么是药皮？药皮的作用是什么？

答：压涂在焊芯表面上的涂料层叫做药皮，药皮具有以下作用：

（1）提高焊接电弧的稳定性，涂有焊条药皮后，能提高电弧的稳定性，使焊条容易引弧，稳定燃烧以及熄灭后的再引弧；

（2）保护熔化金属不受外界空气的影响，药皮熔化后产生的"造气剂"，使熔化金属与外界空气隔离，防止空气侵入，熔化后形成的熔渣覆盖在焊缝表面，使焊缝金属缓慢冷却，有利于焊缝中气体的逸出；

（3）过渡合金元素使焊缝获得所要求的性能，药皮中加入一定量的合金元素，有利于焊缝金属脱氧并补充合金元素，以获得需要的力学性能；

（4）改善焊接工艺性能，提高焊接生产率。如药皮中含有合适的造渣、稀渣成分，使焊接获得良好的流动性，焊接时，使熔滴顺利向熔池过渡，减少飞溅和热量损失。

23. 焊条按焊条药皮熔化后的熔渣特性分成哪几类？简述其应用范围和特性。

答：焊条按焊条药皮熔化后的熔渣特性主要分为酸性焊条和碱性焊条。

酸性焊条的焊接工艺性较好，对弧长、铁锈不敏感，焊缝成形好，脱渣性好，广泛用于一般结构。酸性焊条的熔渣成分主要是酸性氧化物，具有较强的氧化性，合金元素烧损多，力学性能差，尤其是塑性和冲击韧性比碱性焊条低。酸性焊条脱氧脱磷能力低，热裂纹倾向较大。碱性焊条的成分主要是碱性氧化物和铁合金，由于脱氧完全，合金过渡容易，能有效地降低焊缝中的氢、氧、硫。焊缝中的力学性能和抗裂性能比酸性焊条好。可用于合金钢和重要碳钢的焊接，但这类钢的工艺性能差，引弧困难，电弧稳定性差，飞溅较大，不易脱渣，必须采用短弧焊。

24. 简述焊条的选用原则。

答：(1) 等强度原则，对于承受静载荷的工件或结构，通常选用抗拉强度与母材相等的焊条；

(2) 同性能原则，在特殊环境下工作的结构如要求耐磨、耐腐蚀、耐高温或低温等具有较高的力学性能，则应选用保证熔敷金属的性能与母材相近的焊条，如焊接不锈钢时，应选用不锈钢焊条；

(3) 等条件原则，根据工件或焊接结构的工作条件和特点选择焊条，如焊件工作时需要受动载荷或冲击载荷，应选用熔敷金属冲击韧性较高的低氢碱性焊条，一般结构时，可选用酸性焊条。

25. 什么是焊剂，焊剂分为哪几类？各类焊剂有何特点？焊剂对于焊接起什么作用？

答：埋弧焊时，能够熔化形成熔渣和气体，对熔化金属起保护并进行复杂的冶金反应的物质称为焊剂。

焊剂根据加工方式分为熔炼焊剂、烧结焊剂和粘结焊剂等几类。

将一定比例的各种配料放在炉内熔炼，然后经过水冷，使焊剂形成颗粒状，经烘干、筛选而成的焊剂为熔炼焊剂，熔炼焊剂化学成分均匀，可获得性能均匀的焊缝，是目前使用最广泛的焊剂，熔炼焊剂的缺点是不能添加铁碳合金，不能依靠焊剂向焊缝过渡合金元素；

烧结焊剂是将一定比例的各种粉状配料加入适量胶粘剂，混合搅拌后经 $400\sim1000℃$ 高温烧结而面，然后粉碎、筛选而制成的焊剂。

粘结焊剂是将一定比例的各种粉状配料加入适量的胶粘剂，经混合搅拌、粒化和 $400℃$ 以下温度烘干而制成的焊剂。

烧结焊剂和粘结焊剂属于非熔炼焊剂，由于没有熔炼过程，所以化学成分不均匀，易造成焊缝性能不均匀，这两种焊剂中可添加铁合金，增大焊缝金属合金化。

焊剂的作用如下：

（1）焊接时覆盖焊接区，防止空气中氮、氧等有害气体侵入熔池，减缓冷却速度，改善结晶状况及气体逸出条件，减少气孔；

（2）对焊缝金属渗合金，改善焊缝的化学成分和提高力学性能；

（3）防止焊缝中产生气孔和裂纹。

26. 什么叫焊接接头？应用最广泛的焊接接头有哪几种？各具什么样的结构形式？

答：用焊接方法连接，包括焊缝熔合区和热影响区的接头称为焊接接头。

应用最广泛的焊接接头有对接接头、T 形接头、角接接头和搭接接头。

对接接头是两个焊件端面相对平行的接头。

T 形接头是一焊件之端面与另一焊件表面构成直角或近似直角的接头。

角接接头是两焊件端面间构成大于 30°，小于 135° 夹角的接头。

搭接接头是两焊件部分重叠构成的接头。

27. 什么是焊接坡口，坡口有什么作用？焊接坡口的选择原则是什么？常用的焊接坡口的形式有哪几种？

答：根据设计或工艺需要，在焊件的待焊部位加工成一定几何形状的沟槽叫坡口。

坡口的作用是为了保证焊缝根部焊透，使焊接电源能深入接头根部；调节基体金属与填充金属比例；以保证接头质量。

选择何种坡口的原则是：

（1）能够保证工件焊透，且便于焊接操作；

（2）坡口形状易于加工；

（3）提高焊接生产率和节省焊条；

（4）减少焊后工件的变形。

常用的焊接坡口有 V 形坡口、X 形坡口和 U 形坡口。另外还有双 U 形、单边 V 形、J 形、I 形等坡口形式。

28. 什么是焊缝的厚度、焊缝的计算厚度、焊缝凸度、焊缝凹度、焊脚及焊脚尺寸？并画图表示。

答：（1）焊缝厚度是在焊缝横截面中，从焊缝正面到焊缝背面的距离；

（2）焊缝计算厚度是设计焊缝时使用的焊缝厚度。对接焊缝焊透时它等于焊件的厚度；角焊缝时它等于在角焊缝横截面中画出的最大直角等腰三角形中，从直角的顶点到斜边的垂线长度；

（3）焊缝凸度是凸形角焊缝横截面中，焊趾连线与焊缝表面之间的最大距离；

（4）焊缝凹度是凹面角焊缝横截面中，焊趾连线与焊缝表面之间的最大距离；

（5）焊脚是角焊缝的横截面中，从一个焊件上的焊趾到另一个焊件表面的最小距离；

（6）焊脚尺寸是在横截面中画出的最大等腰三角形中直角边的长度。对于凸形角焊缝，焊脚尺寸等于焊脚，对于凹形角焊缝焊脚尺寸小于焊脚。

焊缝厚度及焊脚的尺寸示意图见第28题图。

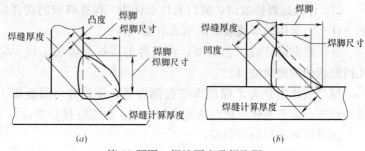

第28题图 焊缝厚度及焊脚图

(a) 凸形角焊缝；(b) 凹形角焊缝

29. 简述碳弧气刨的原理、特点及应用。

答：碳弧气刨的原理是：利用碳棒或石墨棒与工件间产生的电弧将金属熔化，并用压缩空气将其吹掉，实现在金属表面上加工沟槽的目的。

碳弧气刨有如下特点：

（1）生产效率高，采用碳弧气刨比风铲可提高生产率4倍，在仰位和垂直位置时，优越性更明显；

（2）改善劳动条件，与风铲相比没有振耳的噪声，劳动强度降低；

（3）使用灵活方便，有利于保证质量，可在较小的位置施工，便于观察焊接缺陷的清除。

碳弧气刨的应用：

（1）利用碳弧气刨挑焊根；

（2）返修焊件时清除焊接缺陷；

（3）开焊接坡口；

（4）清理铸件毛边、飞刺、浇冒口及铸件中的缺陷；

（5）切割不锈钢板、薄板。

30. 简述气割的原理及气割切割的条件。

答：气割是利用气体火焰的热能将工件切割处预热一定温

度（燃点），喷出高速切割氧流使其燃烧并放出热量，来实现切割的方法。金属的气割过程包括预热→燃烧→吹渣三个阶段，其实质是金属在纯氧中燃烧的过程，而不是熔化过程。

切割的条件如下：

（1）金属材料的燃点应低于熔点；

（2）金属的氧化物熔点应低于金属的熔点；

（3）金属的导热要差；

（4）金属燃烧时应是放热反应；

（5）金属中含阻碍切割和易淬硬的元素杂质应少。

1.5　实际操作题

1. 对接平焊

（1）试件图样

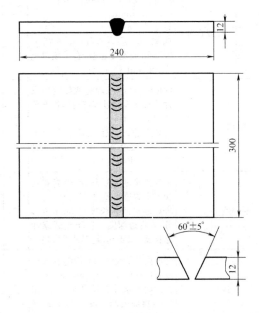

第1题图

(2) 技术要求及说明

1) 本试件要求单面焊双面成形，放置于水平位置焊接，背面不得加垫板；

2) 使用直流焊机，采用 E5015 焊条；

3) 试件材料：16mm；

4) 钝边高度与间隙自定；

5) 工时：50min。

考核项目及评分标准

序号	考核项目		技术要求及评分标准	标准分	检测记录点				得分
1	焊缝外形尺寸	焊缝余高	焊缝余高：0～3mm；焊缝余高差≤2mm；如果：焊缝余高＞3mm、焊缝余高＜0 或焊缝余高超差，有 1 项以上不合格，扣 2～10 分	10					
		焊缝宽度	焊缝宽度比坡口两侧增宽：0.5～2.5mm；宽度差≤3mm。如果：增宽＞2.5mm、增宽＜0.5mm 或宽度超差，有 1 项以上不合格，扣 3～15 分	15					
2	咬边		深度≤0.5mm，焊缝两侧咬边累计总长度不超过焊缝有效长度范围内的 40mm；焊缝两侧咬边累计总长度，每 5mm 扣 1 分，咬边深度＞0.5mm 或累计总长度＞40mm，此焊件不合格	6					
3	未焊透		未焊透深度≤1.5mm，焊缝有效长度未焊透不超过 26mm；未焊透累计总长度每 5mm 扣 1 分，未焊透深度＞1.5mm 或累计总长度＞26mm，此焊件不合格	7					
4	背面内凹		背面内凹深度≤2m，焊缝有效长度背面内凹不超过 26mm；背面内凹累计总长度每 5mm 扣 1 分，背面内凹深度＞2mm 或累计总长度＞26mm，扣 6 分	7					

序号	考核项目		技术要求及评分标准	标准分	检测记录点	得分
5	试件错边		试件错边量≤1mm； 错边量>1mm,扣5分	5		
6	试件变形		试件焊后变形角≤3°； 试件焊后变形角>3°,扣5分	5		
7	x 射线探伤	按 GB 3323—2005	Ⅰ级焊缝30分； Ⅱ级焊缝25分； Ⅲ级焊缝18分； Ⅳ级及以下,此焊件不合格	30		
8	试样弯曲	面弯试样 背弯试样	将试件冷弯至50°后,其拉伸面上不得有任何1个横向(沿试样宽度方向)裂纹或缺陷长度不得>1.5mm,也不得有任何纵向(沿试样长度方向)裂纹或缺陷长度不得>3mm； 面弯经补样后才合格,扣4分； 背弯经补样后才合格,扣6分	10		
9	材料	所用材料符合要求	没按图纸给定的材料施焊,此焊件不合格			
10	焊缝表面	试件焊完后焊缝保持原始状态	试件有修补处,此焊件不合格			
11	清理现场	将材料及工量具整理归位	未整理归位扣5分； 整理不当扣3分	5		
12	工效	在规定时间内完成	完成定额60%以下此焊件不合格;完成定额60%～100%的酌情扣分;超额完成劳动定额,酌情加1～10分			
合计				100		

2. 平角焊

（1）试件图样

55

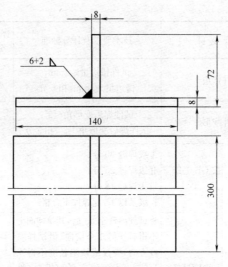

第 2 题图

（2）技术要求及说明

1）T 字形接头，平角焊缝，施焊工件水平放置；

2）使用交流焊机，采用 E4030 焊条；

3）试件材料：Q235；

4）工时：30min。

考核项目及评分标准

序号	考 核 项 目	技术要求及评分标准	标准分	检测记录点			得分
1	焊脚尺寸 6+2	超差≤2mm 内累计长度 30mm，扣 2 分； 超差＞2mm 累计长度 50mm，扣 4 分	20				
2	焊缝对称 焊波均匀 成形美观	焊角不对称超过 2mm，累计长度 50mm，扣 3 分；接头脱节（露弧坑），扣 2 分；焊缝内凹＞2mm，每处扣 2 分；起头及收尾处端部不平齐，每处扣 3 分	25				

序号	考核项目		技术要求及评分标准	标准分	检测记录点				得分
3	咬边深度		焊缝两侧咬边≤0.5mm,累计总长度每5mm,扣1分; >0.5mm不得分; ≤0.5mm的长度超过100mm此项不得分	20					
4	表面无气孔		每个气孔,扣2分	5					
5	表面无夹渣		每个夹渣长度≤3mm,扣2分,>3mm,扣4分	5					
6	收弧饱满		收尾未填满弧坑,扣4分	5					
7	试件变形		试件焊后变形角度≤3°,>3°不得分	5					
8	无电弧擦伤		电弧擦伤试件,每处扣2分	5					
9	焊条头		焊条头≤50mm	5					
10	材料	所用材料符合要求	没按图纸给定的材料施焊,此焊件不合格						
11	焊缝表面	试件焊完后焊缝保持原始状态	试件有修补处,此焊件不合格						
12	清理现场	将材料及工量具整理归位	未整理归位,扣5分; 整理不当,扣3分	5					
13	工效	在规定时间内完成	完成定额60%以下此焊件不合格;完成定额60%～100%的酌情扣分;超额完成劳动定额,酌情加1～10分						
合计				100					

3. 管板（插入）垂直俯位焊

（1）试件图样

（2）技术要求及说明

1）双面手工钨极氩弧焊，垂直俯位焊接，保证焊脚尺寸，且焊脚与母材应光滑过渡；

57

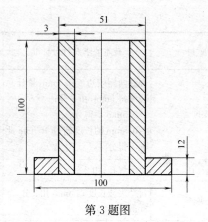

第 3 题图

2）使用氩弧焊机，采用 H08Mn2SiA 焊丝；

3）试件材料：20 号钢；

4）工时：40min。

考核项目及评分标准

序号	考核项目	技术要求及评分标准	标准分	检测记录点			得分
1	焊脚尺寸 7±2	焊脚最大尺寸≤9mm,焊脚最小尺寸≥5mm; 焊脚不符合尺寸,扣5～20分	20				
2	焊缝对称焊波均匀 成形美观	焊缝中凸≤1.5mm,焊缝内凹≤1.5mm; 凸凹度不符合要求,扣3～10分	10				
3	咬边深度	深度≤0.5mm 焊缝两侧咬边累计总长度≤30mm; 焊缝两侧咬边累计总长度,每5mm 扣5分;咬边深度>0.5mm或焊缝两侧咬边累计总长大于30mm,本项不得分	30				
4	无气孔	单个气孔≤1.5mm; 有气孔扣3分; 大于0.5mm 气孔,小于或等于1.5mm 气孔,其数量不多于1个; 小于或等于0.5mm 气孔,其数量不多于3个; 凡有1项不合格,扣6分,超出范围,本项不得分	12				

序号	考核项目		技术要求及评分标准	标准分	检测记录点					得分
5	无夹渣		单个夹渣≤1.5mm； 有气孔扣3分； 大于0.5mm夹渣，小于或等于1.5mm夹渣，其数量不多于1个； 小于或等于0.5mm气孔，其数量不多于3个； 凡有1项不合格，扣6分，超出范围，本项不得分	12						
6	接头根部熔深		接头根部熔深≥0.5mm； 接头根部熔深＜0.5mm，扣5～11分	11						
7	焊缝的外表质量		焊件表面有裂纹、未熔合、夹渣、气孔和焊瘤及未焊透，此焊件不合格							
8	材料	所用材料符合要求	没按图纸给定的材料施焊，此焊件不合格							
9	焊缝表面	试件焊完后焊缝保持原始状态	试件有修补处，此焊件不合格							
10	清理现场	将材料及工量具整理归位	未整理归位，扣5分； 整理不当，扣3分	5						
11	工效	在规定时间内完成	完成定额60%以下此焊件不合格；完成定额60%～100%的酌情扣分；超额完成劳动定额，酌情加1～10分							
合计				100						

4. 大直径管对接水平转动焊

（1）试件图样

（2）技术要求及说明

1）二氧化碳气体保护半自动焊，管对接，U形坡口，水平转动位置；

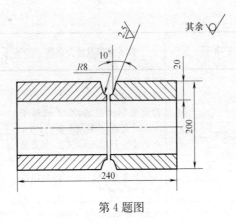

第 4 题图

2）使用二氧化碳气体保护焊半自动焊机，采用 H08Mn2SiA 焊丝；

3）试件材料：20 号钢；

4）工时：140min。

考核项目及评分标准

序号	考核项目		技术要求及评分标准	标准分	检测记录点				得分
1	焊缝外形尺寸	焊缝余高	焊缝余高：0～3mm； 焊缝余高差≤2mm； 如果：焊缝余高＞3mm、焊缝余高＜0 或焊缝余高超差，有 1 项以上不合格，扣 2～10 分	10					
		焊缝宽度	焊缝宽度比坡口两侧增宽： 0.5～2.5mm； 宽度差≤3mm； 如果：增宽＞2.5mm、增宽＜0.5mm 或宽度超差，有 1 项以上不合格，扣 3～10 分	10					
2	咬边		深度≤0.5mm 且焊缝两边咬边的总有效长度≤137mm； 深度＞0.5mm 且焊缝两边咬边的总有效长度＞137mm，本项不得分	8					

序号	考核项目		技术要求及评分标准	标准分	检测记录点			得分
3	未焊透		未焊透深度≤1.5mm,累计总长度≤68mm; 未焊透总长度每10mm,扣2分,未焊透深度>1.5mm,或累计总长度>68mm,此焊件不合格	8				
4	背面内凹		深度≤2m,累计总长度≤68mm;背面凹坑深度累计总长度,每15mm扣2分,背面凹坑深度>2mm或累计总长度>68mm,此焊件不合格	9				
5	x射线探伤	按GB 3323—2005	Ⅰ级焊缝30分; Ⅱ级焊缝25分; Ⅲ级焊缝18分; Ⅳ级及以下,此焊件不合格	30				
6	试样弯曲	面弯试样背弯试样	将试件冷弯至90°后,其拉伸面上不得有任何1个横向(沿试样宽度方向)裂纹或缺陷长度不得>1.5mm,也不得有任何纵向(沿试样长度方向)裂纹或缺陷长度不得>3mm; 面弯经补样后才合格,扣8分;背弯经补样后才合格,扣12分	20				
7	材料	所用材料符合要求	没按图纸给定的材料施焊,此焊件不合格					
8	焊缝表面	试件焊完后焊缝保持原始状态	试件有修补处,此焊件不合格					
9	清理现场	将材料及工量具整理归位	未整理归位,扣5分;整理不当,扣3分	5				
10	工效	在规定时间内完成	完成定额60%以下此焊件不合格;完成定额60%~100%的酌情扣分;超额完成劳动定额,酌情加1~10分					
	合计			100				

第二部分　中级建筑焊割工

2.1　选择题

1. 关于合金的结晶过程，下列描述中不正确的是（B）。

   A. 合金的结晶过程是晶核的不断形成和晶核不断长大的过程

   B. 合金的结晶是在恒温下进行的

   C. 合金在结晶过程中各相的成分要发生变化

   D. 合金的结晶在本质上与纯金属的结晶相似

2. 下列关于合金相图绘制方法与步骤的描述中，不正确的是（A）。

   A. 首先在快速冷却的条件下，做出该合金中一系列不同成分合金的冷却曲线

   B. 确定各冷却曲线上的结晶转变温度

   C. 将确定的临界转变温度标在温度—成分坐标图上

   D. 把坐标图上各相同性质的临界点连接起来，所得图形即该合金的相图

3. 二元合金相图是描述（D）之间关系的图形。

   A. 合金成分、温度和合金熔点　　B. 合金成分、合金熔点和组织

   C. 合金熔点、温度和组织　　　　D. 合金成分、温度和组织

4. 根据铁碳合金相图分析可知，铁碳合金在室温的组织都是由（B）两相组成的。

   A. 铁素体和奥氏体　　　B. 铁素体和渗碳体

   C. 珠光体和渗碳体　　　D. 珠光体和奥氏体

5. 铁碳合金中，共析转变的温度是（C）。

A. 727℃   B. 912℃   C. 1148℃   D. 1538℃

6. 铁碳合金中，共晶转变的温度是（C）。

A. 727℃   B. 912℃   C. 1148℃   D. 1538℃

7. 纯铁的熔点是（D）。

A. 727℃   B. 912℃   C. 1148℃   D. 1538℃

8. α-Fe 转变为 γ-Fe 的同素异构转变温度是（B）。

A. 727℃   B. 912℃   C. 1148℃   D. 1538℃

9. 珠光体的含碳量为（A）%。

A. 0.77   B. 2.11   C. 4.3   D. 6.69

10. 莱氏体的含碳量为（C）%。

A. 0.77   B. 2.11   C. 4.3   D. 6.69

11. 碳在奥氏体中的最大溶解度为（B）%。

A. 0.77   B. 2.11   C. 4.3   D. 6.69

12. 渗碳体的含碳量为（D）%。

A. 0.77   B. 2.11   C. 4.3   D. 6.69

13. 亚共析钢含碳量的范围为（A）。

A. 0.0218%～0.77%   B. 0.77%～2.11%
C. 2.11%～4.3%   D. 4.3%～6.69%

14. 过共析钢含碳量的范围为（B）。

A. 0.0218%～0.77%   B. 0.77%～2.11%
C. 2.11%～4.3%   D. 4.3%～6.69%

15. 亚共晶白口铸铁含碳量的范围为（C）。

A. 0.0218%～0.77%   B. 0.77%～2.11%
C. 2.11%～4.3%   D. 4.3%～6.69%

16. 过共晶白口铸铁含碳量的范围为（D）。

A. 0.0218%～0.77%   B. 0.77%～2.11%
C. 2.11%～4.3%   D. 4.3%～6.69%

17. 当含碳量超过 1% 时，随着含碳量的增加，钢的（C）增加，而其余均下降。

A. 强度   B. 塑性   C. 硬度   D. 韧性

18. 共晶转变式是（D）。

    A. $\alpha-Fe \Longleftrightarrow \gamma-Fe$ B. $\gamma-Fe \Longleftrightarrow \delta-Fe$

    C. $A \Longleftrightarrow F+Fe_3C$ D. $L \Longleftrightarrow A+Fe_3C$

19. 共析转变式是（C）。

    A. $\alpha-Fe \Longleftrightarrow \gamma-Fe$ B. $\gamma-Fe \Longleftrightarrow \delta-Fe$

    C. $A \Longleftrightarrow F+Fe_3C$ D. $L \Longleftrightarrow A+Fe_3C$

20. 下面（A）表示铁素体转变成奥氏体同素异构转变。

    A. $\alpha-Fe \Longleftrightarrow \gamma-Fe$ B. $\gamma-Fe \Longleftrightarrow \delta-Fe$

    C. $A \Longleftrightarrow F+Fe_3C$ D. $L \Longleftrightarrow A+Fe_3C$

21. 下列关于铁碳合金相图在焊接方面的应用，描述不正确的是（B）。

    A. 化学成分对铁碳合金的焊接性能影响很大

    B. 含碳量愈高，焊接性愈好

    C. 焊接时，从焊缝到母材各区域的加热温度是不同的

    D. 不同的加热温度会得到不同的组织，冷却后获得不同的组织与性能

22. 铁碳合金中，含碳量增加，钢的强度提高，但当含碳量超过1％时，由于（C）的出现，使钢的强度下降。

    A. 铁素体   B. 奥氏体   C. 网状渗碳体   D. 莱氏体

23. 钢加热时，珠光体向（B）转变。

    A. 铁素体   B. 奥氏体   C. 网状渗碳体   D. 莱氏体

24. 钢加热时形成奥氏体，下面描述中不属于奥氏体形成过程的是（C）。

    A. 奥氏体晶核的形成及长大   B. 残余渗碳体的溶解

    C. 贝氏体形成   D. 奥氏体的均匀化

25. 亚共析钢的奥氏体化温度一般在（B）以上。

    A. A_{C1} B. A_{C3} C. A_{Cm} D. A_{Ccm}

26. 过共析钢的奥氏体化温度一般在（D）以上。

    A. A_{C1} B. A_{C3} C. A_{Cm} D. A_{Ccm}

27. 共析钢的奥氏体化温度一般在（A）以上。

A. A_{C1} B. A_{C3} C. A_{Ccm} D. A_{Ccm}

28. 关于奥氏体晶粒长大的因素,下面描述不正确的是 (D)。

A. 加热温度高易使奥氏体晶粒长大

B. 保温时间延长易使奥氏体晶粒长大

C. 钢中含碳量增加易使奥氏体晶粒长大

D. 钢中加入钛、钒等合金元素易使奥氏体晶粒长大

29. 过冷奥氏体高温转变得到 (B) 组织。

A. 铁素体   B. 珠光体   C. 贝氏体   D. 马氏体

30. 过冷奥氏体中温转变得到 (C) 组织。

A. 铁素体   B. 珠光体   C. 贝氏体   D. 马氏体

31. 过冷奥氏体低温转变得到 (D) 组织。

A. 铁素体   B. 珠光体   C. 贝氏体   D. 马氏体

32. 过冷奥氏体高温转变的温度为 (B)。

A. A_1以上   B. A_1~550℃   C. 550℃~M_S D. M_S以下

33. 过冷奥氏体中温转变的温度为 (C)。

A. A_1以上   B. A_1~550℃   C. 550℃~M_S D. M_S以下

34. 过冷奥氏体低温转变的温度为 (D)。

A. A_1以上   B. A_1~550℃   C. 550℃~M_S D. M_S以下

35. 过冷奥氏体在550~350℃温度范围内转变得到 (B) 组织。

A. 屈氏体   B. 上贝氏体   C. 下贝氏体   D. 马氏体

36. 过冷奥氏体在350~M_S温度范围内转变得到 (C) 组织。

A. 屈氏体   B. 上贝氏体   C. 下贝氏体   D. 马氏体

37. 过冷奥氏体在M_S以下温度范围内转变得到 (D) 组织。

A. 屈氏体   B. 上贝氏体   C. 下贝氏体   D. 马氏体

38. 共析钢过冷奥氏体在A_1~650℃等温转变的组织为 (A)。

A. 珠光体   B. 索氏体   C. 屈氏体   D. 贝氏体

39. 共析钢过冷奥氏体在600~650℃等温转变的组织为 (B)。

A. 珠光体   B. 索氏体   C. 屈氏体   D. 贝氏体

40. 共析钢过冷奥氏体在600~550℃等温转变的组织为 (C)。

A. 珠光体   B. 索氏体   C. 屈氏体   D. 贝氏体

41. 除（D）以外，其他合金元素熔入奥氏体后，都使过冷奥氏体等温转变曲线向右移动。

　　A. 锰　　B. 铬　　C. 钛　　D. 钴

42. 关于过冷奥氏体等温转变曲线，下列描述中不正确的是（D）。

　　A. 亚共析钢的过冷奥氏体等温转变曲线随含碳量的增加向右移

　　B. 过共析钢的过冷奥氏体等温转变曲线随含碳量的增加向左移

　　C. 大多数合金元素使过冷奥氏体等温转变曲线向右移

　　D. 加热温度愈高或保温时间愈长，过冷奥氏体等温转变曲线向左移

43. 完全退火主要用于（A）。

　　A. 亚共析钢　B. 共析钢　C. 过共析钢　D. 共晶白口铸铁

44. 球化退火主要用于（B）。

　　A. 亚共析钢　　　　　B. 共析钢、过共析钢

　　C. 亚共晶白口铸铁　　D. 共晶白口铸铁、过共晶白口铸铁

45. 球化退火前，若钢的原始组织中有明显的网状渗碳体时，应先进行（D）。

　　A. 完全退火　B. 球化退火　C. 去应力退火　D. 正火

46. 钢淬火后必须回火且应及时回火，低温回火得到（A）组织。

　　A. 回火马氏体　　B. 回火托氏体

　　C. 回火索氏体　　D. 回火珠光体

47. 钢淬火后必须回火且应及时回火，中温回火得到（B）组织。

　　A. 回火马氏体　　B. 回火托氏体

　　C. 回火索氏体　　D. 回火珠光体

48. 钢淬火后必须回火且应及时回火，高温回火得到（C）组织。

　　A. 回火马氏体　　B. 回火托氏体

　　C. 回火索氏体　　D. 回火珠光体

49. 调质是（C）的复合热处理工艺。

　　A. 淬火＋低温回火　　B. 淬火＋中温回火

C. 淬火＋高温回火　　D. 淬火＋正火

50. 主要用于弹性零件及热锻模的回火是（B）。

　A. 低温回火　B. 中温回火　C. 高温回火　D. 低温或中温

51. 主要用于保持淬火后刀具、量具、模具的硬度和耐磨性的回火是（A）。

　A. 低温回火　B. 中温回火　C. 高温回火　D. 低温或中温

52. 低温回火的温度是（A）。

　A. 150～250℃　B. 250～500℃　C. 500～A_{C_1}　D. ＞A_{C_1}

53. 中温回火的温度是（B）。

　A. 150～250℃　B. 250～500℃　C. 500～A_{C_1}　D. ＞A_{C_1}

54. 高温回火的温度是（C）。

　A. 150～250℃　B. 250～500℃　C. 500～A_{C_1}　D. ＞A_{C_1}

55. 主要用于螺栓、齿轮、轴等要求较高的综合力学性能的零件，淬火后进行的回火是（C）。

　A. 低温回火　B. 中温回火　C. 高温回火　D. 低温或中温

56. 下面金属的热塑性变形对性能的影响中描述不正确的是（C）。

　A. 消除铸铁组织　B. 细化晶粒

　C. 加工硬化　　　D. 形成热变形纤维组织

57. 若一段铜线的电阻为 R，两端电压为 U，通过电流为 I，下列说法中错误的是（B）。

　A. R 由铜线的长度和横截面积决定

　B. R 的大小与 U 有关

　C. 铜线的电阻对电流有阻碍作用

　D. R 的大小与 I 无关

58. 在闭合电路中，下列叙述正确的是（A）。

　A. 闭合电路中的电流跟电源电动势成正比，与整个电路的电阻成反比

　B. 当外电路断开时，路端电压等于零

　C. 当外电路短路时，电路中的电压趋近于∞

　D. 当外电阻增大时，路端电压减少

59. 当 0.2A 的电流通过一金属线时产生的热量为 Q_1，若使通过的电流增加到 0.4A 时，在相同的时间内产生的热量为 Q_2，那么 Q_1 是 Q_2 的（A）倍。

    A. 0.25   B. 0.5   C. 2   D. 4

60. 两根长度相同，直径不等的镍铬合金电阻丝，串联以后接入电源两端，在相同的时间电阻丝上的放热（C）。

    A. 两根一样多   B. 直径大的一根较多
    C. 直径小的一根较多   D. 缺少条件无法判断

61. 关于串联电路的特点，下面描述不正确的是（D）。

    A. 串联电路中流过每个电阻的电流都相等
    B. 串联电路两端的总电压等于各电阻两端的分电压之和
    C. 串联电路的等效电阻（即总电阻）等于各串联电阻之和
    D. 各串联电阻两端的电压与电阻的阻值成反比

62. 下面描述中，不属于电阻串联电路通常应用的场合是（D）。

    A. 增大总电阻   B. 限制和调节电路中的电流大小
    C. 分压   D. 分流

63. 关于并联电路的特点，下面描述不正确的是（C）。

    A. 并联电路中各电阻两端的电压相等，且等于电路两端的电压
    B. 并联电路中的总电流等于各电阻中的电流之和
    C. 并联电路的等效电阻（即总电阻）的倒数等于各并联电阻的倒数之和
    D. 流过各并联电阻中的电流与其阻值成正比

64. 下列关于磁场强度的描述中不正确的是（B）。

    A. 磁场强度 H 是表示磁场强弱与方向的一个物理量，单位为 A/m
    B. 在均匀介质中，磁场强度与媒介质的性质无关
    C. 磁场强度 H 的大小等于磁场中某点的磁感应强度 B 与媒介质磁导率 μ 的比值
    D. 磁场强度 H 的方向与该点磁感应强度 B 的方向相反

65. （A）是电弧产生和维持的必要条件。

　　A. 阴极电子发射和气体电离　B. 阳极电子发射和气体电离

　　C. 阴极电子发射和金属熔化　D. 阳极电子发射和金属熔化

66. 电子逸出金属表面需要吸收能量，根据吸收能量的不同，阴极电子发射可分为（D）三种形式。

　　A. 场致电子发射、撞击电子发射、气体电离发射

　　B. 热电子发射、撞击电子发射、气体电离发射

　　C. 热电子发射、场致电子发射、气体电离发射

　　D. 热电子发射、场致电子发射、撞击电子发射

67. 当电流在焊条上通过时，将产生电阻热，电阻热的大小取决于（C）。

　　A. 焊条或焊丝的伸出长度、电流密度和焊条药皮

　　B. 焊条或焊丝的伸出长度、焊条药皮和焊条金属的电阻

　　C. 焊条或焊丝的伸出长度、电流密度和焊条金属的电阻

　　D. 焊条药皮、电流密度和焊条金属的电阻

68. 电弧产生的热量，大部分用来（B）。

　　A. 熔化焊丝　　　　　　　B. 熔化母材、药皮或焊剂

　　C. 消耗于辐射、飞溅　　D. 母材的传热

69. 熔滴过渡的形态有（B）。

　　A. 蒸发过渡、短路过渡和喷射过渡

　　B. 滴状过渡、短路过渡和喷射过渡

　　C. 滴状过渡、蒸发过渡和喷射过渡

　　B. 滴状过渡、短路过渡和蒸发过渡

70. 焊条药皮在加热过程中进行的脱氧反应称为（A）。

　　A. 先期脱氧　B. 沉淀脱氧　C. 扩散脱氧　D. 真空脱氧

71. 在熔滴和熔池中，利用溶解在液态金属中的脱氧剂，直接与熔于液态金属中的 FeO 作用，把铁还原出来的脱氧方式称为（B）。

　　A. 先期脱氧　B. 沉淀脱氧　C. 扩散脱氧　D. 真空脱氧

72. 利用 FeO 能熔入熔池和熔渣中的特性，将 FeO 从熔池扩散至熔渣中的脱氧方式称（C）。

A. 先期脱氧　B. 沉淀脱氧　C. 扩散脱氧　D. 真空脱氧

73. 常用的脱氧剂有锰铁、硅铁、铝铁和钛铁，其脱氧能力强弱的顺序是（C）。

A. 铝铁＜硅铁＜钛铁＜锰铁　B. 锰铁＜钛铁＜硅铁＜铝铁

C. 锰铁＜硅铁＜钛铁＜铝铁　D. 锰铁＜铝铁＜钛铁＜硅铁

74. 硫在钢中主要以（D）形态存在。

A. SO_2　　B. FeS　　C. MnS　　D. FeS 和 MnS

75. 焊缝中的硫通常以（C）形式存在于钢中。

A. SO_2　　B. MnS　　C. FeS　　C. CuS

76. （B）能溶解于液态铁中。

A. SO_2　　B. FeS　　C. MnS　　D. FeS 和 MnS

77. 钢中脱硫的元素是（A）。

A. 锰　　B. 氧　　C. 磷　　D. 硅

78. 钢中存在元素（A）使钢产生热脆性。

A. 硫　　B. 磷　　C. 锰　　D. 硅

79. 钢中存在元素（B）使钢产生冷脆性。

A. 硫　　B. 磷　　C. 锰　　D. 硅

80. 关于焊缝金属的脱磷和脱硫，下面描述不正确的是（D）。

A. 酸性焊条脱硫能力弱　　B. 碱性焊条脱硫能力强

C. 酸性焊条脱磷能力弱　　D. 碱性焊条脱磷能力强

81. 下面描述合金过渡系数的概念中正确的是（C）。

A. 焊接材料中的药皮过渡到焊缝金属中的数量与其原始含量的百分比

B. 焊接材料中的焊剂过渡到焊缝金属中的数量与其原始含量的百分比

C. 焊接材料中的合金元素过渡到焊缝金属中的数量与其原始含量的百分比

D. 焊接材料中的熔渣过渡到焊缝金属中的数量与其原始含量的百分比

82. 影响合金过渡系数的因素很多，下面关于合金过渡系数的描

70

述不正确的是（B）。

　A. 焊接熔渣的碱度越大，越有利于合金元素过渡

　B. 合金元素与氧的亲和力愈强，越有利于合金元素过渡

　C. 电弧越长，越不利于合金元素过渡

　D. 合金元素沸点愈低，越不利于合金元素过渡

83. 下面关于焊缝金属的一次结晶的特点中描述不正确的是（D）。

　A. 熔池体积小，冷却速度快

　B. 熔池中的液态金属处于过热状态

　C. 熔池是在运动状态下结晶

　D. 高温焊缝冷却到室温要经过相变过程

84. 在一个晶粒内部和晶粒之间的化学成分是不均匀的，这种偏析称为（B）。

　A. 比重偏析　B. 显微偏析　C. 区域偏析　D. 层状偏析

85. 熔池结晶时，由于柱状晶体的不断长大和推移，使熔池中心的杂质比其他部位多，这种偏析称为（C）。

　A. 比重偏析　B. 显微偏析　C. 区域偏析　D. 层状偏析

86. 影响金属结晶区间大小的因素是（C）。

　A. 保温时间　B. 加热温度　C. 化学成分　D. 冷却速度

87. 易形成热裂纹的焊缝是（D）。

　A. 宽而浅　　B. 宽而深　　C. 窄而浅　　D. 窄而深

88. 低碳钢焊缝金属的二次结晶时，冷却速度越大，则（D）。

　A. 珠光体含量越低，铁素体含量越高，硬度和强度提高，塑性和韧性降低

　B. 珠光体含量越高，铁素体含量越少，硬度和强度降低，塑性和韧性提高

　C. 珠光体含量越低，铁素体含量越高，硬度和强度降低，塑性和韧性提高

　D. 珠光体含量越高，铁素体含量越少，硬度和强度提高，塑性和韧性降低

89. 焊接热循环的主要参数包括（B）。

A. 加热速度、最高温度、在相变温度以下停留时间和冷却速度

B. 加热速度、最高温度、在相变温度以上停留时间和冷却速度

C. 加热时间、最低温度、在相变温度以上停留时间和冷却速度

D. 冷却速度、最高温度、在相变温度以下停留时间和加热速度

90. 电弧焊接时的线能量与（C）成反比。

A. 焊接电流　　B. 电弧电压

C. 焊接速度　　D. 电弧的有效热功率利用系数

91. 对于不易淬火钢，焊接接头热影响区可分为四个区，即（D）。

A. 过热区、回火区、部分相变、再结晶区

B. 回火区、正火区、部分相变、再结晶区

C. 过热区、正火区、回火区、再结晶区

D. 过热区、正火区、部分相变、再结晶区

92. 易淬火钢焊接接头热影响区中不会出现的区是（D）。

A. 完全淬火区　　B. 不完全淬火区　　C. 回火区　　D. 正火区

93. （B）是不易淬火钢热影响区中综合力学性能最好的区域。

A. 过热区　　B. 正火区　　C. 部分相变　　D. 再结晶区

94. 焊前未经塑性变形的母材，其易淬火钢焊接接头热影响区不出现的是（D）。

A. 过热区　　B. 正火区　　C. 部分相变区　　D. 再结晶区

95. 回火区温度不同，得到的组织不同，回火温度低，得到（B）。

A. 回火珠光体　　B. 回火马氏体

C. 回火索氏体　　D. 回火屈氏体

96. CO_2 气体是（A）气体。

A. 氧化性　　B. 还原性　　C. 中性　　D. 易燃性

97. CO_2 气体保护焊焊缝产生的气孔主要是（B）。

72

A. 一氧化碳 B. 氮气 C. 氢气 D. 氧气

98. 二氧化碳保护焊的主要缺点是（C）。

A. 裂纹 B. 缩孔 C. 飞溅 D. 变形

99. 二氧化碳保护焊的工艺参数中，（A）起主导作用，它对焊缝的熔深、熔宽和焊缝余高等影响最大。

A. 焊接电流 B. 焊接速度

C. 电源极性 D. 气体流量及纯度

100. 二氧化碳气瓶颜色为（C）。

A. 蓝色 B. 灰色 C. 黑色 D. 黄色

101. 二氧化碳保护焊的工艺参数中，（D）应与焊接电流配合选择。

A. 气体流量及纯度 B. 焊接速度

C. 电源极性 D. 电弧电压

102. 二氧化碳保护焊的工艺参数中，（B）对焊缝成形、接头性能都有影响。

A. 焊接电流 B. 焊接速度

C. 电源极性 D. 气体流量及纯度

103. 二氧化碳气体保护焊电源极性应采用（C）。

A. 交流 B. 直流正接 C. 直流反接 D. 直流正接或反接

104. 构成二氧化碳气体保护焊焊接热输入的三大要素是（A）。

A. 焊接电流、电弧电压和焊接速度

B. 气体流量、电弧电压和焊接速度

C. 焊接电流、气体流量和焊接速度

D. 焊接电流、电弧电压和气体流量

105. 熔化极氩弧焊焊接电源均采用（C）。

A. 交流 B. 直流正接 C. 直流反接 D. 直流正接或反接

106. 熔化极氩弧焊使用细焊丝时，采用（A）。

A. 等速送丝系统，配平外特性电源

B. 均匀调节式送丝系统，配下降外特性电源

C. 等速送丝系统，配下降外特性电源

D. 均匀调节式送丝系统，配平外特性电源

107. 熔化极氩弧焊使用粗焊丝时，采用（B）。

A. 等速送丝系统，配平外特性电源

B. 均匀调节式送丝系统，配下降外特性电源

C. 等速送丝系统，配下降外特性电源

D. 均匀调节式送丝系统，配平外特性电源

108. 关于熔化极氩弧焊焊枪，下列描述不正确的是（D）。

A. 焊枪的作用是夹持电极、传导焊接电流和输送保护气体。

B. 焊枪有水冷式和空冷式两种

C. 空冷式焊枪使用焊接电流小于 150A

D. 水冷式焊枪使用电流小于 150A

109. 关于熔化极氩弧焊控制系统，下列描述不正确的是（D）。

A. 引弧以前预送保护气，焊接停止时，延迟关闭气体

B. 送丝控制和速度调节包括焊丝的送进、回抽和停止

C. 控制主回路的通断，引弧时可以在送丝开始前或同时接通电源

D. 焊接停止时，应当先断电后停丝

110. 根据电源的接法和生产等离子弧的形式不同，等离子弧可分为（A）三种形式。

A. 转移型弧、非转移型弧和联合型弧

B. 自由电弧、非转移型弧和联合型弧

C. 转移型弧、自由电弧和联合型弧

D. 转移型弧、非转移型弧和自由电弧

111. 产生于电极与焊件之间的等离子弧称为（A）。

A. 转移型弧　B. 非转移型弧　C. 联合型弧　D. 自由电弧

112. 产生于电极与喷嘴之间的等离子弧称为（B）。

A. 转移型弧　B. 非转移型弧　C. 联合型弧　D. 自由电弧

113. （A）适用于中、小电流等离子弧焊的焊枪。

A. 单孔喷嘴　B. 多孔喷嘴

C. 双锥度喷嘴　D. 单孔喷嘴和多孔喷嘴

114. (D) 多用于大电流等离子弧焊枪。

　　A. 单孔喷嘴　　　B. 多孔喷嘴

　　C. 双锥度喷嘴　　D. 单孔喷嘴和多孔喷嘴

115. 能减小或避免双弧现象的等离子弧焊焊枪的喷嘴是（C）。

　　A. 单孔喷嘴　　　B. 多孔喷嘴

　　C. 双锥度喷嘴　　D. 多孔喷嘴和双锥度喷嘴

116. 关于等离子切割的特点，下面描述中不正确的是（B）。

　　A. 可割任何黑色金属和有色金属

　　B. 采用转移型弧，可切割非金属材料及混凝土、耐火砖等

　　C. 切割速度快，生产率高

　　D. 切口光洁、平整，切割质量好

117. 等离子切割的电源要求具有（A）的直流电源。

　　A. 陡降外特性　　　B. 缓降外特性

　　C. 陡升外特性　　　D. 缓升外特性

118. 等离子弧焊喷嘴距焊件的距离一般为（B），距离过大降低穿透能力，距离过小飞溅易粘塞喷嘴。

　　A. 1～3mm　B. 3～5mm　C. 7～10mm　D. 10～20mm

119. 等离子切割喷嘴距焊件的距离一般为（C），距离过大降低切割能力，距离过小烧坏喷嘴。

　　A. 3～5mm　B. 2～7mm　C. 7～10mm　D. 10～20mm

120. 等离子弧切割以（B）气体可达到较好的切割的效果。

　　A. Ar_2+N_2　B. $Ar+N_2$　C. Ar_2+CO_2　D. $Ar+CO_2$

121. 增加等离子切割工艺参数中的（A），可有效提高切割的厚度。

　　A. 切割电压　B. 切割电流　C. 切割速度　D. 气体流量

122. 等离子弧焊大多采用的电极为（D）电极。

　　A. 纯钨　　　B. 铈钨　　　C. 锆钨　　　D. 钍钨

123. （B）的结构和几何尺寸对等离子弧的压缩作用及稳定性有较大影响。

　　A. 焊枪　　B. 喷嘴　　C. 保护罩　　D. 电极

124. 目前等离子焊枪的喷嘴的结构有（C）三种形式。

A. 单孔喷嘴、双孔喷嘴和多孔喷嘴

B. 单孔喷嘴、双孔喷嘴和双锥度喷嘴

C. 单孔喷嘴、多孔喷嘴和双锥度喷嘴

D. 单双孔喷嘴、多孔喷嘴和双锥度喷嘴

125. 关于电渣焊的特点，下面描述不正确的是（D）。

A. 大厚度焊件可一次焊成，且不开坡口

B. 焊缝缺陷少

C. 成本低

D. 焊接接头的晶粒细小

126. 防止普通低合金结构钢产生冷裂纹、热裂纹和热影响区出现淬硬组织的有效措施是（B）。

A. 选择合适的焊条　　B. 预热

C. 去应力退火　　　　D. 提高冷却速度

127. 一般当钢中的碳当量小于（B)％时，钢材的焊接性优良，淬硬性不明显，焊接时可不进行预热。

A. 0.2　　　B. 0.4　　　C. 0.6　　　D. 0.8

128. 当钢中的碳当量大于（C)％时，淬硬倾向高，属于难焊接材料，需采取较高的预热温度和严格的工艺措施。

A. 0.2　　　B. 0.4　　　C. 0.6　　　D. 0.8

129. 下列关于普通低合金钢的焊接热影响区的淬硬性倾向的描述中不正确的是（C）。

A. 含碳量越高，其淬硬倾向就越大

B. 含合金元素量越高，其淬硬倾向就越大

C. 焊前加热速度越快，淬硬倾向就大

D. 焊后冷却速度越大，淬硬倾向就大

130. 普通低合金钢焊接工艺中，一般不需焊后热处理的是（A）。

A. 一般普低钢　　　B. 钢材的强度等级较高

C. 厚壁容器　　　　D. 电渣焊接头

131. 低合金钢焊后热处理有（A）三种方法。

A. 消除应力退火、正火加回火或正火、淬火加回火

B. 完全退火、正火加回火或正火、淬火加回火

C. 消除应力退火、完全退火、淬火加回火

D. 消除应力退火、正火加回火或正火、完全退火

132. 关于普通低合金结构钢的焊后热处理方法，下面描述不正确的是（D）。

A. 不得超过母材原始组织的回火温度

B. 对于有回火脆性的材料，应避开出现回火脆性的温度区间

C. 对于含一定量的钼、钛、钒的低合金钢消除应力退火时，注意防止产生再热裂纹

D. 在低温条件下焊接不需要预热

133. 珠光体耐热钢合金元素的总量一般不超过（B)%。

A. 3　　B. 5　　C. 10　　D. 15

134. 珠光体耐热钢焊后为了消除焊接应力，改善焊接接头的力学性能，焊后一般采用（C）。

A. 低温回火　　B. 中温回火　　C. 高温回火　　D. 正火

135. 使不锈钢产生晶间腐蚀最有害的元素是（D）。

A. 铬　　B. 钛　　C. 铌　　D. 碳

136. 1Cr18Ni9Ti 属于（A）。

A. 奥氏体不锈钢　　B. 铁素体不锈钢

C. 马氏体不锈钢　　D. 双相不锈钢

137. 1Cr13 属于（C）。

A. 奥氏体不锈钢　　B. 铁素体不锈钢

C. 马氏体不锈钢　　D. 双相不锈钢

138. 奥氏体不锈钢在高温下长期使用，在沿焊缝熔合线外几个晶粒的地方会发生脆断现象，这种脆断称为（B）。

A. σ相脆化　　B. 熔合线脆断　　C. 低温脆性　　D. 高温脆性

139. 奥氏体金属最危险的破坏形式之一是（B）。

A. 整体腐蚀　　B. 晶间腐蚀　　C. 应力腐蚀　　D. 热裂纹

140. 不锈钢具有抗腐蚀能力的必要条件是含铬量大于（B)%。

A. 5　　B. 12　　C. 18　　D. 23

141. 奥氏体中形成（B）双相组织时，可减少和防止晶间腐蚀的产生。

A. 珠光体＋奥氏体　　B. 铁素体＋奥氏体

C. 马氏体＋奥氏体　　D. 马氏体＋铁素体

142. 下列焊接时减少和防止晶间腐蚀产生的措施不正确的是（D）。

A. 选用超低碳（C≤0.03％）或添加钛或铌等稳定元素的不锈钢焊条

B. 接触介质的焊缝最后施焊

C. 焊后固溶处理

D. 采用单相组织

143. 铁素体不锈钢通常采用（C）进行焊接。

A. 埋弧自动焊　　B. 钨极氩弧焊

C. 手工电弧焊　　D. 等离子焊

144. 下列不锈钢手工电弧焊焊接工艺中不正确的是（C）。

A. 焊接电流比低碳钢低 20％

B. 采用直流反接法

C. 长弧焊，收弧要快

D. 与腐蚀介质接触的面最后焊接

145. 下列不锈钢手工电弧焊焊接工艺中不正确的是（D）。

A. 多层焊时要控制层间温度　　B. 焊后可采取强制冷却

C. 不在坡口以外的地方起弧　　D. 焊后变形用热加工矫正

146. 为增加不锈钢的耐腐蚀性，在不锈钢表面人工地形成一层氧化膜称为（C）。

A. 表面抛光　　B. 表面发蓝　　C. 钝化处理　　D. 表面喷涂

147. 奥氏体不锈钢焊后常用的表面处理方法是（B）。

A. 表面抛光、表面喷涂　　B. 表面抛光、钝化处理

C. 表面喷涂、钝化处理　　D. 钝化处理、表面发蓝

148. 不锈钢焊件表面如有浅刻痕、粗糙点和污点等可采用（A）加以处理。

A. 表面抛光　　B. 表面发蓝　　C. 钝化处理　　D. 表面喷涂

149. 铁素体不锈钢焊接时的主要缺陷及问题是（A）。

A. 热影响区晶粒急剧长大，475℃脆性和 σ 相析出引起接头脆化及冷裂倾向加大

B. 过热区晶粒急剧长大，475℃脆性和 σ 相析出引起接头脆化及热裂倾向加大

C. 熔合区晶粒急剧长大，晶间腐蚀引起接头脆化及冷裂倾向加大

D. 相变重结晶区晶粒急剧长大，475℃脆性和 σ 相析出引起接头脆化及热裂倾向加大

150. 马氏体不锈钢（B）倾向很小。

A. 淬硬　　　B. 晶间腐蚀　　　C. 残余应力　　　D. 冷裂纹

151. （B）经加热和冷却，没有相变。

A. 全部不锈钢　　　B. 铁素体不锈钢

C. 马氏体不锈钢　　D. 双相不锈钢

152. 关于不锈钢复合板的焊接顺序，正确的是（D）。

A. 先焊过渡层、后焊基层，最后焊覆层

B. 先焊覆层、后焊过渡层，最后焊基层

C. 先焊基层、后焊覆层，最后焊过渡层

D. 先焊基层、后焊过渡层，最后焊覆层

153. 灰铸铁焊接过程中产生的最严重的缺陷是（A）。

A. 白口和裂纹　　　B. 晶间腐蚀和脱碳

C. 白口和脱碳　　　D. 裂纹和晶间腐蚀

154. 灰铸铁焊接中产生白口缺陷的主要原因是（C）。

A. 焊缝的冷却速度慢、焊条中石墨化元素含量不足

B. 焊缝的冷却速度快、焊接过程中石墨化进行充分

C. 焊缝的冷却速度快、焊条中石墨化元素含量不足

D. 焊缝的冷却速度慢、焊接过程中石墨化进行充分

155. 焊接灰铸铁时易产生（A）。

A. 热应力裂纹和热裂纹，较多的是热应力裂纹

B. 冷应力裂纹和冷裂纹，较多的是冷应力裂纹

C. 冷应力裂纹和热裂纹，较多的是冷应力裂纹

D. 热应力裂纹和冷裂纹，较多的是冷裂纹

156. 灰铸铁手工电弧焊冷焊法应采用（A）。

A. 短段焊、断续焊、分散焊等

B. 长段焊、连续焊、集中焊等

C. 长段焊、断续焊、集中焊等

D. 短段焊、连续焊、集中焊等

157. 下列关于灰铸铁手工电弧焊热焊法的描述不正确的是（D）。

A. 焊前将焊件全部或局部加热到 $600 \sim 700℃$

B. 能有效地防止裂纹和白口

C. 采用冷焊易造成裂纹不得已才采用热焊

D. 采用小电流断续焊

158. 焊接球墨铸铁容易产生（C）。

A. 内应力　　　B. 晶间腐蚀　　　C. 白口　　D. 冷裂纹

159. 为增大或恢复焊件尺寸，使焊件表面获得具有特殊性能的熔敷金属而进行的焊接称为（D）。

A. 对焊　　B. 搭焊　　C. 角焊　　D. 堆焊

160. （A）是合金堆焊中是最危险、最常见的缺陷。

A. 裂纹　　B. 缩孔　　C. 气孔　　D. 偏析

161. 下面关于铝及铝合金的特点描述中不正确的是（A）。

A. 不易氧化　　　　　　B. 导热性高

C. 热容量和线胀系数大　D. 熔点低和高温强度小

162. 下列焊接方法中最适宜焊铝及铝合金的是（A）。

A. 氩弧焊　B. 电渣焊　C. CO_2 气体保护焊　D. 手工电弧焊

163. 下面关于铜及铜合金的焊接中气孔产生的描述中不正确的是（D）。

A. 铜及铜合金产生气孔的倾向比钢大

B. 产生气孔的直接原因是铜的导热性好，熔池凝固速度快，易造成气孔

C. 产生气孔的根本原因是气体溶解度随温度下降而急剧下降

及化学反应产生气体所致

　　D. 气孔的类型有氢造成的反应气孔和水蒸气造成的扩散气孔

164. 下列焊接方法中对铜及铜合金的焊接性适宜的是（A）。

　　A. 钨极氩弧焊（手工、自动）　　B. 气焊

　　C. 手工电弧焊　　　　　　　　　D. 碳弧焊

165. 下列焊接方法中不适宜黄铜焊接的是（D）。

　　A. 钨极氩弧焊　　B. 熔化极自动氩弧焊

　　C. 碳弧焊　　　　D. 手工电弧焊

166. 下列焊接方法中不适宜青铜焊接的是（D）。

　　A. 钨极氩弧焊　　B. 熔化极自动氩弧焊

　　C. 碳弧焊　　　　D. 气焊

167. 关于焊缝的横向收缩变形，下面描述不正确的是（C）。

　　A. 对接焊缝的横向收缩比角焊缝大

　　B. 连续焊缝比间断焊缝的横向收缩量大

　　C. 同样板厚，坡口角度越小，横向收缩量越大

　　D. 最后焊的部分，横向收缩量最大

168. （C）是由于横向收缩变形在焊缝厚度方向上分布不均匀所引起的变形。

　　A. 纵向收缩变形　　B. 横向收缩变形

　　C. 角变形　　　　　D. 波浪变形

169. 弯曲变形的大小以（D）进行度量。

　　A. 横向收缩量　　B. 纵向收缩量　　C. 弯曲角度　　D. 挠度

170. 波浪变形容易在厚度小于（B）的薄板结构中产生。

　　A. 5mm　　B. 10mm　　C. 20mm　　D. 30mm

171. 构件厚度方向和长度方向不在一个平面上的变形称（D）。

　　A. 弯曲变形　　B. 波浪变形　　C. 扭曲变形　　D. 错边变形

172. 按引起焊接应力产生的基本原因分类有（D）。

　　A. 温度应力、组织应力和形变应力

　　B. 温度应力、形变应力和凝缩应力

　　C. 形变应力、组织应力和凝缩应力

D. 温度应力、组织应力和凝缩应力

173. 为减少和防止焊接变形，（C）不适用于焊接淬硬性较高的材料。

A. 对称焊　　B. 反变形法　　C. 散热法　　D. 自重法

174. 下列减少焊接残余应力的焊接顺序不正确的是（C）。

A. 先焊收缩量较大焊缝　　B. 先焊错开的短焊缝

C. 先焊直通的长焊缝　　D. 先焊工作时受力较大的焊缝

175. 利用锤击焊缝来减少焊接应力是有效的，下面关于锤击的方法不正确的是（C）。

A. 锤击焊缝区，应力可减少 1/2～1/4

B. 锤击温度可在 100～150℃之间

C. 锤击温度可在 200～300℃之间

D. 锤击温度可＞400℃

176. （D）是焊接时阻碍焊接区自由收缩的部位。

A. 过热区　　B. 相变区　　C. 熔合区　　D. 减应区

177. 测定焊接接头或焊缝金属的抗拉强度、屈服极限、延伸率和断面收缩率等力学性能指标采用（A）方法。

A. 拉伸试验　　B. 弯曲试验　　C. 疲劳试验　　D. 冲击试验

178. 测定焊接接头弯曲时的塑性的试验方法是（C）。

A. 拉伸试验　　B. 硬度试验　　C. 冷弯试验　　D. 冲击试验

179. 测定焊接接头或焊缝金属在对称交变载荷作用下的持久强度采用（C）方法。

A. 拉伸试验　　B. 弯曲试验　　C. 疲劳试验　　D. 冲击试验

180. 焊接接头的（C）一般用于不锈钢焊件。

A. 拉伸试验　　B. 化学分析　　C. 腐蚀试验　　D. 焊接性试验

181. 下列描述中不能通过焊接性试验达到目的的是（D）。

A. 选择适用作母材的焊接材料

B. 确定合适的焊接工艺参数

C. 研究和发展新型材料

D. 得到材料的抗拉强度值

182. 下列检验方法属于破坏性试验的是（A）。

　　A. 拉伸试验　B. 密封性检验　C. 耐压检验　D. 渗透探伤

183. 下列检验方法属于非破坏性试验的是（D）。

　　A. 力学性能试验　B. 腐蚀试验　C. 化学分析　D. 磁粉探伤

184. 用于检查不受压焊缝密封性的试验是（D）。

　　A. 水压试验　B. 气压试验　C. 气密性试验　D. 煤油试验

185. 下列关于耐压检验的描述中不正确的是（D）。

　　A. 密封式容器水压试验的压力为工作压力的 1.25～1.5 倍

　　B. 水压试验时水温：碳钢构件不得低于 5℃，其他合金钢不得低于 15℃

　　C. 气压试验不用于强度试验

　　D. 气压试验一般放在水压试验前进行

186. 关于磁粉探伤，下列描述不正确的是（D）。

　　A. 磁粉探伤适用于薄壁工件

　　B. 磁粉探伤可发现表面裂纹

　　C. 磁粉探伤可发现一定深度和一定大小的未焊透

　　D. 磁粉探伤可发现气孔、夹渣等缺陷

187. （B）加工采用分度盘对齿轮、花键等进行分度和加工。

　　A. 车削　　B. 铣削　　C. 刨削　　D. 磨削

188. （A）的作用是使刀具刃口锋利，减少切削变形和摩擦力，使切削省力，排屑容易。

　　A. 前角　　B. 后角　　C. 主偏角　　D. 副偏角

189. （B）的作用是减少刀后面与工件间的摩擦，改善加工表面质量，防止振动和延长刀具使用寿命。

　　A. 前角　　B. 后角　　C. 主偏角　　D. 副偏角

190. （C）的作用是改变刀具与工件的受力情况和刀头的散热条件。

　　A. 前角　　B. 后角　　C. 主偏角　　D. 副偏角

191. 切削用量是表示主运动及进给运动大小的参数，它包括（C）。

A. 切削深度、进给量和刀具角度

B. 刀具角度、进给量和切削速度

C. 切削深度、进给量和切削速度

D. 切削深度、刀具角度和切削速度

192. 工件上已加工表面和待加工表面间的垂直距离称为（A）。

A. 切削深度　　　B. 进给量　　　C. 切削速度　　　D. 公差量

193. 工件每旋转一周，刀具沿进给方向移动的距离称为（B）。

A. 切削深度　　　B. 进给量　　　C. 切削速度　　　D. 公差量

194. 机床进行切削加工时，刀具切削刃上的某一点相对于待加工表面在主运动方向上的瞬时速度称为（C）。

A. 切削深度　　　B. 进给量　　　C. 切削速度　　　D. 公差量

195. 工序间加工余量的选择原则中表述不正确的是（D）。

A. 应采用最小的加工余量，以求缩短工时，降低费用

B. 加工余量应能保证图纸上所规定的表面粗糙度及精度

C. 应考虑采用的加工方法和设备及加工过程中可能发生的变形

D. 零件本身尺寸与加工余量没有关系

196. 加工精度的内容包括（D）。

A. 尺寸精度

B. 尺寸精度、形状精度

C. 尺寸精度、形状精度、位置精度

D. 尺寸精度、形状精度、位置精度、表面粗糙度

197. （D）是加工表面上具有的间距很小的微小峰谷所形成的微观几何形状特征。

A. 尺寸精度　　B. 形状精度　　C. 位置精度　　D. 表面粗糙度

198. 下面描述的中碳钢气焊焊接性特点中不正确的是（C）。

A. 在焊缝金属中容易产生热裂纹

B. 热影响区易产生淬硬组织

C. 含碳量越低，板厚越薄，则淬火敏感性越大

D. 焊缝中容易产生气孔

199. 下面描述的结构件装配基准面选择原则中不正确的是（A）。

   A. 当构件外形有平面也有曲面时，应以曲面作为装配基准面

   B. 构件上有多个平面时，应选择较大的平面作为基准面

   C. 根据构件的用途，选择重要的面作为基准面

   D. 选择的装配基准面应便于其他构件的定位和夹紧

2.2 判断题

1. 锰钢属于二元合金。（×）

2. 合金的结晶过程和纯金属的过程均是由晶核产生和晶核长大两个过程所组成。（√）

3. 金属的同素异构转变是一个重结晶的过程。（√）

4. 纯金属由液态转变为固态总是在恒温下进行的。（√）

5. 二元合金相图描述了平衡状态下合金成分、温度和组织之间的关系。（√）

6. 铁碳合金在室温下的组织都是由奥氏体和渗碳体两相组成的。（×）

7. 从铁碳合金相图可知，随温度升高，奥氏体中的碳的溶解度沿 ES 线逐渐升高。（√）

8. 靠近共晶成分的铁碳合金熔点低，凝固温度区间小，适宜铸造。（√）

9. 晶格是为表现晶体中原子堆集的规律而作的假想图。（√）

10. 铁素体的强度低，塑性好，有利于进行轧制和锻造加工。（×）

11. 钢中的珠光体和莱氏体都属于机械混合物。（√）

12. 各种碳化物颗粒能显著提高钢的耐磨性，并使钢的硬度略有提高。（√）

13. 细小球状珠光体的奥氏体形成速度比粗大球状珠光体慢。（×）

14. 晶粒愈细，晶界愈多，塑性变形抗力就愈大，则塑性和韧性

就愈好。（√）

15. 钢中含碳量愈高，奥氏体的形成速度愈快。（√）

16. 加热温度愈高，得到的奥氏体的晶粒度愈细。（×）

17. 保温时间长，易使奥氏体晶粒长大。（√）

18. 钢中含碳量增加，加热时易使奥氏体晶粒长大。（√）

19. 钢中的合金元素锰能促使奥氏体的晶粒细化。（×）

20. 过冷奥氏体是在共晶温度以下存在的奥氏体（×）

21. 过共析钢室温平衡组织中渗碳体的分布形式是一部分作为基体，另一部分分布在珠光体内。（×）

22. 共析钢过冷奥氏体等温转变曲线又称"C"曲线，可用来分析过冷奥氏体的成分、转变温度和组织之间的关系。（×）

23. 过冷奥氏体高温转变为铁素体和渗碳体组成的片层状珠光体，属于扩散型转变。（√）

24. 钢从奥氏体区快速冷却到 M_S 以下时，过冷奥氏体转变为马氏体。（√）

25. 固溶体的强度硬度比纯金属高，这种现象叫做固溶强化。（√）

26. 过冷度是实际相变点和理论相变点温度的差值，它是一个固定值。（×）

27. 在亚共析钢的范围内，增加钢的含碳量，提高淬火冷却起始温度和延长保温时间，都可以提高钢的淬透性。（√）

28. 含碳量增加，使 C 曲线向右移动。（×）

29. 合金元素（除钴以外）溶入奥氏体后，使 C 曲线右移。（√）

30. 临界冷却速度表示钢在淬火时的抑制马氏体转变的最小冷却速度。（√）

31. 加工高碳钢或合金钢时发现硬度过高，为了使其容易加工，可进行正火处理。（×）

32. 钢的本质晶粒度是表示钢材晶粒大小的尺度。（×）

33. 渗碳体的转变速度比铁素体慢，所以奥氏体中残存有渗碳体。（√）

34. 与钢相比，铸铁工艺性能的突出优点是铸造性能好。（√）

35. 在相同的加热条件下，片状珠光体比球状珠光体转变成奥氏体的速度慢。（×）

36. 钢因过热而使晶粒粗化，但快速冷却可使晶粒细化。（×）

37. 正火与退火在冷却方法上的区别是：正火在空气中冷却，冷却速度比较快；而退火一般是随炉冷却，冷却速度比较慢。（√）

38. 正火后可得到球状珠光体组织。（×）

39. 过共析钢的平衡组织是珠光体＋二次渗碳体。（√）

40. 35 号钢加热至 A_{C1} 与 A_{C3} 之间的温度淬火时，它的淬火组织是马氏体和珠光体。（×）

41. 完全退火用于共析钢和过共析钢。（×）

42. 在球化退火前，若钢的原始组织中有明显的网状渗碳体时，应先进行完全退火。（×）

43. 回火马氏体具有高弹性极限、屈服点和适当的韧性。（×）

44. 回火索氏体具有良好的综合力学性能，广泛用于齿轮、轴、连杆等受力构件。（√）

45. 珠光体、索氏体、屈氏体本质上都是铁素体和渗碳体的机械混合物，所以它们的形态和性能并无多大差别。（×）

46. 过冷奥氏体转变成马氏体是以共格切变的方式进行的。（√）

47. 淬火加低温回火称为调质。（×）

48. 金属的塑性变形主要是以滑移的方式进行的。（√）

49. 晶体的滑移是借助于位错的移动来实现的。（√）

50. 晶体中能够发生滑移的晶面和晶向称为滑移面和滑移方向，滑移面和滑移方向越多，金属的强度和硬度越高。（×）

51. 晶界对塑性变形有较大的促进作用。（×）

52. 在一定体积的晶体内晶粒数目越多，晶粒越细，晶界越多，则金属的力学性能越好。（√）

53. 随着变形度的增加，金属的强度、硬度提高，而塑性、韧性下降的现象称为固溶强度。（×）

54. 对于纯金属和不能热处理强化的合金可采用加工硬化使其强化。（√）

55. 在再结晶温度以上进行的塑性变形称为热变形。（√）

56. 焊接电流是决定焊缝宽度的主要因素。（×）

57. 电动势的方向规定为在电源内部由电源正极指向负极。（×）

58. 焦耳楞次定律表示：电流流过导体产生的热量，与电流强度的平方、导体的电阻及通电的时间成正比。（√）

59. 串联电路中，电阻值大则通过的电流大，反之则反。（×）

60. 串联电路中，阻值越大的电阻所分配的电压越大。（√）

61. 串联电路可能用调节总电阻的大小来控制电压的大小。（×）

62. 并联电路中，电流的分配与电阻成反比，即阻值越大的电阻所分配到的电流越小，反之电流越大。（√）

63. 支路电流与回路电流的大小相等，但方向不一定相同。（×）

64. 电源并联后的总电阻总是小于任何一个分电阻值。（√）

65. 磁场强度与该点的磁感应强度大小相等，方向相反。（×）

66. 磁路中的磁通与磁通势成反比，与磁阻成正比。（×）

67. 电弧产生和维持的必要条件是阴极发射电子和气体电离。（√）

68. 热电子发射，温度越低，电子发射能力越强。（×）

69. 气体粒子电离的方式有3种，分别是热电离、电场作用下的电离、光电离。（√）

70. 场致电子发射，电场强度越大，场致发射的能力越强。（√）

71. 电弧产生的热量大部分用来熔化母材、药皮或焊剂，仅有一部分用来熔化焊丝。（×）

72. 焊接时，熔滴由于本身的重力而具有下垂的倾向，因此平焊时起阻碍熔滴过渡的作用。（×）

73. 熔滴的重力在任何位置都是促使熔滴向熔池过渡的力。（×）

74. 在任何焊接位置电磁压缩力的作用方向都是使熔滴向熔池过渡。（√）

75. 金属熔化后，在表面张力的作用下形成球滴状，使液体金属

不会马上脱离焊条，因此平焊时表面张力阻碍熔滴的过渡。（√）

76. 氧能以氧化铁和原子氧形式溶解在液态铁中，使焊缝金属的强度、硬度、塑性、韧性及抗蚀能力提高。（×）

77. 先期脱氧的特点是脱氧过程和脱氧产物与熔滴金属不发生直接关系。且只是脱去药皮加热阶段放出的分部氧。（√）

78. 加强对焊接区域的保护是减少焊缝金属含氢量的重要措施。（√）

79. 焊接熔池冶金反应过程中的脱氧就是脱去熔池中的氧化亚铁。（√）

80. 锰既是较好的脱氧剂，又是常用的脱硫剂，与硫化合生成硫化锰，形成熔渣浮于熔池表面。（√）

81. 锰的脱氧能力比硅强。（×）

82. 锰和硅脱氧后生成的氧化物均呈碱性。（×）

83. 焊接区熔渣的碱度对金属的氧化、脱氧、脱磷，以及合金过渡都有重要影响。（√）

84. 酸性焊条冶金性能优于碱性焊条，但工艺性能不如碱性焊条，所以用于焊接重要结构。（×）

85. 酸性焊条一般采用钛铁、硅铁作脱氧剂，而碱性焊条一般采用锰铁作脱氧剂。（×）

86. 对于重要焊接结构的焊接，应采用酸性焊条。（×）

87. 弧长对于焊条的发尘量影响很小。（×）

88. 酸性熔渣中由于含有较多的酸性氧化物，一般以扩散脱氧为主要脱氧方式。（√）

89. 酸性焊条的脱硫效果好，碱性焊条的脱硫效果不好。（×）

90. 无论是酸性熔渣或碱性熔渣，脱磷都困难。（√）

91. 焊接材料中的合金元素过渡到焊缝金属中数量与其原始含量的百分比称为合金的过渡系数。（√）

92. 焊接热影响区组织变化决定于化学成分和组织的变化。（×）

93. 焊接接头热影响区的硬度越高，材料的抗冷裂性越好。（×）

94. 焊接接头是指焊缝熔合区，不包括热影响区。（×）

95. 焊接化学冶金过程是一个平衡过程，可以进行精确定量的计算。（×）

96. 焊接接头区域主要分为四部分：焊缝、熔合区、热影响区、母材。（√）

97. 焊接材料是焊接时所消耗材料（包括焊条、焊丝、焊剂、气体等）的通称。（√）

98. 焊接区内的气体主要来源于母材。（×）

99. 焊接用的 CO_2 气体和氩气一样，在瓶中都是气态。（×）

100. 焊缝金属在高温停留时间越短，则结晶的晶粒越细，力学性能越好。（√）

101. 熔合区是焊接接头中综合性能最好的区域。（×）

102. X 形坡口由于是双面焊接，所以焊接残余变形较大。（×）

103. 角接接头的承载能力很强，多用于重要的焊接结构中。（×）

104. 待加工坡口的端面与坡口面之间的夹角称为坡口面角度。（√）

105. 当焊件厚度相同时，U 形坡口的焊缝金属填充量要比 V 形、X 形坡口多。（×）

106. 焊缝金属晶体结构的形成过程，称为焊缝金属的二次结晶。（×）

107. 焊缝的组织除了与化学成分有关外，在很大程度上取决于焊接熔池的一次结晶和焊缝金属的二次结晶。（√）

108. 魏氏组织一般出现在焊接热影响区的正火区。（×）

109. 焊缝中化学成分的不均匀包括显微偏析和区域偏析，两者都是在焊缝金属二次结晶的时候产生的。（×）

110. 焊缝金属中易出现中心等轴粗晶区。（×）

111. 熔焊时，焊缝的组织是柱状晶。（√）

112. 晶粒内部和晶粒之间的化学成分是不均匀的，这种现象称为区域偏析。（×）

113. 焊接过程中热源沿焊件移动，在焊接热源作用下，焊件上某点的温度随时间变化的过程称该点的焊接热循环。（√）

114. 焊接热循环的特点是加热速度慢，冷却速度快。（×）

115. 焊接热循环的主要参数是加热速度、最高温度、在相变温度以上停留的时间和冷却速度。（√）

116. 电弧的有效热功率利用系数随弧长的增加而增加。（×）

117. 过热区是焊接热影响区中晶粒显著粗大的区域。（√）

118. 不易淬火钢焊接热影响区的正火区空冷后，得到均匀而细小的铁素体加珠光体组织。（√）

119. 坡口角度对角变形量的影响不大。（×）

120. 正火区是焊接接头中综合力学性能不好的区域。（×）

121. 常用的脱氧措施是加入铝、钛、硅、锰脱氧剂，其中铝、钛用得最多。（×）

122. 二氧化碳气体保护焊应采用直流正接，正接具有电弧稳定性好，飞溅及熔深大的特点。（×）

123. 二氧化碳气体保护焊控制系统为了保护电弧空间一般提前送气、滞后停气。（√）

124. 气体保护焊与其他焊接方法相比，具有明弧焊、热量集中、可焊接化学性质活泼的金属及合金的特点。（√）

125. CO_2 气体保护焊焊缝产生的气孔主要是氮气孔。（√）

126. CO_2 气体保护焊焊接电源有直流和交流电源。（×）

127. CO_2 气体保护焊的送丝机有拉丝式、推丝式和推拉式 3 种形式。（√）

128. CO_2 气体保护焊时，焊接飞溅引起火灾的危险性比其他焊接方法大。（√）

129. CO_2 气体保护焊用于焊接低碳钢和低合金高强度钢时，主要采用硅锰联合脱氧的方法。（√）

130. CO_2 气体不含氢，所以 CO_2 气体保护焊时，不会产生氢气孔。（×）

131. CO_2 气体保护焊时，熔滴应采用短路过渡形式，才能获得

良好的焊缝成形。（×）

132. CO_2 气体保护焊对铁锈和水分比埋弧焊更为敏感。（×）

133. 熔化极氩弧焊熔滴的过渡形式通常采用喷射过渡。（√）

134. 等离子弧具有温度高、能量密度大、电弧挺度好、机械冲刷力强等特点。（√）

135. 等离子弧的温度为 $1600 \sim 3000 ℃$。（×）

136. 等离子弧广泛采用具有陡降外特性的直流电源。（√）

137. 微束等离子焊采用具有垂直提升外特性的电源。（×）

138. 单孔喷嘴适用于中、小电流等离子弧焊的焊枪。（√）

139. 等离子切割中，采用转移型弧，可切割非金属材料及混凝土、耐火砖等。（×）

140. 等离子弧能量高度集中，切割速度快，切口光洁、平整，切口窄，变形小，质量好。（√）

141. 等离子切割的工作气体是氧气和乙炔。（×）

142. 等离子切割在功率不变的情况下，降低切割速度，可使切口变窄，热影响区减少。（×）

143. 电渣焊是利用电流通过液态熔渣所产生的电阻热进行的焊接方法。（√）

144. 大厚度焊件使用电渣焊时，应开坡口，多次焊成。（×）

145. 电渣焊，焊件越厚，成本相对较高。（×）

146. 电渣焊的主要缺点是焊缝和热影响区的晶粒粗大，降低了焊接接头的塑性和冲击韧性，需通过焊后热处理进行纠正。（√）

147. 电渣焊的电极材料的作用一是起填充金属的作用；二是向焊缝过渡金属元素。（√）

148. 板极电渣焊适用于焊接长直焊缝和环焊缝。（×）

149. 碳当量法是材料冷裂纹的间接评定方法，而不是热裂纹的间接评定方法。（√）

150. 碳当量法的计算公式适用于奥氏体不锈钢以外的金属材料。（×）

151. 两种金属材料的碳当量数值相同，则其抗冷裂性就完全一

样。（×）

152. 焊接断面较大且断面不规则的焊缝宜选择熔嘴电渣焊。（√）

153. 焊接热影响区中含碳量越高，则淬硬性倾向越大。（√）

154. 焊接热影响区中含合金元素量越高，则淬硬性倾向越小。（×）

155. 焊后冷却速度越大，则淬硬性倾向越小。（×）

156. 普通低合金结构钢产生热裂纹的机会比冷裂纹大得多。（×）

157. 普通低合金结构钢焊后一般要进行热处理，以改善焊缝性能。（×）

158. 焊后热处理应注意不要超过母材的回火温度。（√）

159. 珠光体耐热钢合金元素总量一般不超过 5%，属于低合金钢。（√）

160. 晶间腐蚀是奥氏体不锈钢中最危险的破坏形式之一。（√）

161. 奥氏体不锈钢抗腐蚀能力与焊缝表面粗糙度无关。（×）

162. 奥氏体不锈钢焊接时易产生冷裂纹。（×）

163. 预热是防止奥氏体不锈钢焊缝中产生热裂纹的主要工艺措施之一。（×）

164. 奥氏体不锈钢焊后热处理的目的是增加其冲击韧性和强度。（×）

165. 选用添加钛或铌的不锈钢焊条可以减少或防止晶间腐蚀的产生。（√）

166. 铁素体不锈钢中如果晶粒粗化可通过加热冷却的热处理方法来细化晶粒。（×）

167. 马氏体不锈钢焊接时易产生冷裂纹。（√）

168. 马氏体不锈钢的晶间腐蚀倾向较大。（×）

169. 马氏体不锈钢有较强烈的淬硬倾向。（√）

170. 不锈钢复合板焊接后，通常可以不做钝化处理。（×）

171. 不锈钢复合钢板组对时应以基层钢为基准对齐。（×）

172. 不锈钢复合钢板定位焊要焊在基层上，所用焊条应与焊接

基层的焊条一致。（√）

173. 焊接不锈钢复合板应采用直流正接电源。（×）

174. 可锻铸铁的塑性比灰铸铁的塑性好，可以进行锻造加工。（√）

175. 板件对接组装时，应该确定组装的间隙，并且终端焊要比起始焊端间隙略小。（×）

176. 定位焊如发现裂纹、未焊透、夹渣、气孔等缺陷，必须将其去除重焊。（√）

177. 板对接组装时，应预留出一定的反变形。（√）

178. 焊接不锈钢复合板的顺序是：先焊基层，后焊过渡层，最后焊覆层。（√）

179. 焊接不锈钢复合板时，对覆层和基层应同时进行焊接。（×）

180. 灰铸铁的焊接缺陷中危险最严重的是白口和裂纹。（√）

181. 灰铸铁产生白口缺陷的原因主要是冷却速度慢和焊条中石墨化元素过量。（×）

182. 球墨铸铁常用镁作球化剂，镁是较强的石墨化元素，所以焊接时白口倾向小。（×）

183. 球墨铸铁中石墨以球状形式存在，对基体割裂小，所以其焊接性较灰铸铁好。（×）

184. 铜与铜合金焊接时产生的气孔主要是氢气孔和氮气孔。（×）

185. 铜与铜合金焊接时产生气孔的倾向较碳钢小些。（×）

186. 铜与铜合金焊接时在焊缝及热影响区易产生冷裂纹。（×）

187. 堆焊中最常见的、最危险的缺陷是裂纹。（√）

188. 焊接变形中的角变形是由于横向收缩变形在焊缝厚度方向上分布不均匀所引起的。（√）

189. 波浪变形容易在厚度小于 10mm 的钢板中产生。（√）

190. 构件厚度方向和长度方向不在一个平面上的变形，称为扭曲变形。（×）

191. 产生焊接变形的根本原因是由于焊缝的横向收缩和纵向收缩所引起的。（√）

192. 对于不对称焊缝的结构，应先焊焊缝多的一侧，后焊焊缝少的一侧。（×）

193. 为减少焊接变形，长焊缝焊接时应从中段向两端逐步退焊。（√）

194. 一般合金钢的焊接结构，焊后必须先消除应力，处理后才能进行机械校正，否则矫正困难且易产生裂纹。（√）

195. 为减少焊接残余应力，应先焊收缩量小的焊缝。（×）

196. 为减少焊接残余应力，先焊直通长焊缝，后焊错开的短焊缝。（×）

197. 为减少焊接残余应力先焊结构工作时受力较大的焊缝，使内应力合理分布。（√）

198. 焊前预热可降低焊接结构的拘束度和减慢冷却速度，从而减少焊接应力。（√）

199. 焊前预热的方法主要有火焰加热法、工频感应加热法和远红外线加热法等。（√）

200. 材料的拉伸试验属于破坏性试验。（√）

201. 拉伸试验可测定焊接接头的强度和塑性指标。（√）

202. 冲击试验的目的是测定焊接接头或焊缝金属在对称交变载荷作用下的持久强度。（×）

203. 冲击韧性试验可用来测量焊缝金属或焊件热影响区的脆性转变温度。（√）

204. 焊接接头或焊缝的耐压试验是破坏性试验。（×）

205. 压力容器危险较大，严禁采用气压试验。（×）

206. 耐压试验需做气压试验时，气压试验一般在水压试验后进行。（√）

207. 磁粉探伤适用于厚壁工件，不仅能发现表面裂纹，且能发现气孔、夹渣等缺陷。（×）

208. 超声波检验对检查裂纹等平面型缺陷灵敏度高，可探测大厚度工件。（√）

209. 车削加工以工件旋转为主运动，铣削加工以刀具旋转为主

运动。（√）

210. 刀具前角的作用是减少在刀后面与工件间的摩擦，改善加工表面质量，延长刀具使用寿命。（×）

211. 刀具主偏角的作用是改变刀具与工件的受力情况和刀头的散热条件。（√）

212. 相邻两工序的工序尺寸之差称为工序余量，工序余量之和是加工总余量。（√）

213. 加工余量应能保证得到图纸上所规定的表面粗糙度和精度。（√）

214. 乙炔瓶应直立使用，氧气瓶可横卧使用。（×）

215. 接入减压器时，应开启氧气瓶阀后，再将旋松减压器调节螺钉旋松。（×）

216. 焊炬的点火顺序为先微开氧，后开乙炔，然后点火并调节火焰。（√）

217. 焊炬停止时，应先关氧，再关乙炔。（×）

218. 装配基准面是用来确定零件或部件在产品中的相对位置所采用基准面，当零件的外形有平面也有曲面时，应按曲面作为装配基准面。（×）

219. 在零件或部件上有若干平面的平面情况下，应选择较大的平面作为装配基准面。（√）

220. 根据零件的用途，选择重要的面作为装配基准面。（√）

2.3 计算题

1. 有 $50mm^2$、$70mm^2$、$100mm^2$ 三种规格的焊接电缆，其允许电流密度为 $5A/mm^2$，试求匹配 ZX5-400B 型焊机需选用那种规格的电缆。

解：ZX5-400B 焊机的额定输出电流为 $I = 400A$；

由公式：电缆规格（截面积）$= \dfrac{\text{额定输出电流}}{\text{电流密度}}$

得：电缆规格（截面积）$=\dfrac{400}{5}=80\text{mm}^2$

答：应选用 100mm^2 的电缆。

2. 下图电路图中，已知 $R_1=2\Omega$，$R_2=3\Omega$，$R_3=5\Omega$，$R_4=6\Omega$，分别求图（a）、图（b）的等效电阻 R_{AB}。

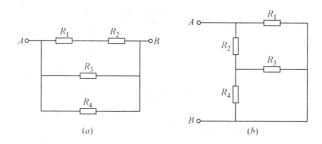

第 2 题图

解：（1）图（a）等效电阻计算

$R_{12}=R_1+R_2=2+3=5\Omega$

$R_{123}=\dfrac{R_{12}\times R_3}{R_{12}+R_3}=\dfrac{5\times5}{5+5}=2.5\Omega$

$R_{\text{AB}}=R_{1234}=\dfrac{R_{123}\times R_4}{R_{123}+R_4}=\dfrac{2.5\times6}{2.5+6}=1.765\Omega$

（2）图（b）等效电阻计算

$R_{34}=\dfrac{R_3\times R_4}{R_3+R_4}=\dfrac{5\times6}{5+6}=2.727\Omega$

$R_{234}=R_2+R_3=3+2.732=5.732\Omega$

$R_{\text{AB}}=R_{1234}=\dfrac{R_1\times R_{234}}{R_1+R_{234}}=\dfrac{2\times5.732}{2+5.732}=1.483\Omega$

答：图（a）的等效电阻 R_{AB} 为 1.765Ω，图（b）的等效电阻 R_{AB} 为 1.483Ω。

3. 电路如第 3 题图所示，其中：$R_1=4\Omega$，$R_2=6\Omega$，$R_3=3.6\Omega$，$R_4=4\Omega$，$R_5=0.6\Omega$，$R_6=1\Omega$，$E=4\text{V}$。求各电阻电流和电压 U_{BA}，U_{BC}。

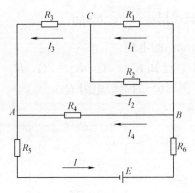

第 3 题图

解：（1）计算电路的等效电阻 R：

$$R_{12} = \frac{R_1 R_2}{R_1 + R_2} = \frac{4 \times 6}{4 + 6} = 2.4\Omega$$

$$R_{123} = R_{12} + R_3 = 2.4 + 3.6 = 6\Omega$$

$$R_{1234} = \frac{R_{123} R_4}{R_{123} + R_4} = \frac{6 \times 4}{6 + 4} = 2.4\Omega$$

$$R = R_{1234} + R_5 + R_6 = 2.4 + 0.6 + 1 = 4\Omega$$

（2）电路总电流 I 为：

$$I = \frac{E}{R} = \frac{4}{4} = 1\text{A}$$

（3）各支路电流及电压 U_{BA}，U_{BC} 分别计算如下：

应用分流公式，得：

$$I_4 = \frac{R_{123}}{R_{123} + R_4} I = \frac{6}{6 + 4} \times 1 = 0.6\text{A}$$

$$I_3 = I - I_4 = 1 - 0.6 = 0.4\text{A}$$

$$I_1 = \frac{R_2}{R_2 + R_1} I_3 = \frac{6}{6 + 4} \times 0.4 = 0.24\text{A}$$

$$I_2 = I_3 - I_1 = 0.4 - 0.24 = 0.16\text{A}$$

根据欧姆定律：

$$U_{BA} = I_4 \times R_4 = 0.6 \times 4 = 2.4\text{V}$$

$$U_{BC} = I_1 \times R_1 = 0.24 \times 4 = 0.96\text{V}$$

答：$I_1=0.24A$，$I_2=0.16$，$I_3=0.4A$，$I_4=0.6A$，$U_{BA}=2.4V$，$I_{BC}=0.96V$。

4. 如第 4 题图所示，与节点 A 相关的 5 条支路，已知 $I_1=4A$，$I_2=3A$，$I_3=2A$，$I_4=5A$，求 $I_5=$？

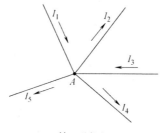

第 4 题图

解：$I_5=I_1+I_2+I_3+I_4=4-3+2-5=-2A$

答：I_5 电流流出 A 点，其值为 2A。

5. 如第 5 题图，已知：$E_1=12V$，$E_2=15V$，$R_1=20k\Omega$，$R_2=10k\Omega$；求 $I=$？

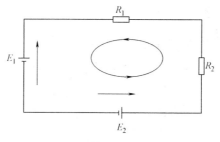

第 5 题图

解：确定：回路参考方向为：逆时针。

据：$\sum IR=\sum E$，得到：$E_2-E_1=I(R_1+R_2)$，

即：$15-12=I(20+10)\times1000$

$$I=\frac{15-12}{(20+10)\times1000}=0.1\times10^{-3}A$$

$I=0.1mA$（方向与参考方向相同）

答：回路中的电流为 0.1mA。

6. 如第 6 题图所示：$E_1=30$V，$E_2=40$V，$R_1=20\Omega$，$R_2=10\Omega$，$R_3=5\Omega$，$R_4=5\Omega$，求 A、B、C、D 各点的电位。

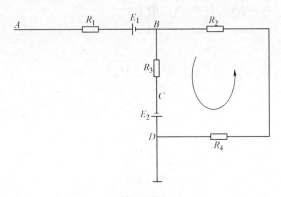

第 6 题图

解：设定电流方向为逆时针方向；

由基尔霍夫第二定律得：$E_2=I_2R_2+I_3R_3+I_3R_4$

因为 D 点接地，所以 $U_D=0$。

AB 段不构成回路，故 $I_2=I_3$

$$I_2=I_3=\frac{E_2}{R_2+R_3+R_4}=\frac{40}{10+5+5}=2\text{A}$$

$U_A=U_{AD}=U_{AB}+U_{BC}+U_{CD}=(0\times R_1+E_1)+I_3R_3-E_2=30+2\times 5-40=0$V

$U_B=U_{BD}=-I_2R_2-I_2R_4=-2\times 10-2\times 5=-30$V

$U_C=U_{CD}=-E_2=-40$V

答：$U_A=0$，$U_B=-30$V，$U_C=-40$V，$U_D=0$。

7. 用埋弧自动焊焊接 16MnR 对接焊缝，焊缝长 1.6m，经工艺评定确定，电弧电压为 38V，焊接电流为 600A，焊接速度为 0.47m/min，求：焊接线能量为多少 kJ/cm？（埋弧自动焊的电弧的有效热功率利用系数 η 取 0.90）

解：由公式 $q=\eta\dfrac{I_焊 U_焊}{v}$

100

得：$q = \eta \dfrac{I_焊 U_焊}{v} = 0.90 \times \dfrac{600 \times 38 \times 60}{47} = 26196 \text{J/cm} = 26.196 \text{kJ/cm}$

答：焊接线能量为 $q = 26.196 \text{kJ/cm}$。

8. 用手工电弧焊施焊某合金钢，要求焊接线能量为 4.8kJ/cm，焊速为 7mm/s，电弧电压为 24V，求：应选用多大的焊接电流。（手工电弧焊的电弧的有效热功率利用系数 η 取 0.80）

解：由公式 $q = \eta \dfrac{I_焊 U_焊}{v}$

得：$I_焊 = \dfrac{qv}{U_焊 \eta} = \dfrac{4.8 \times 1000 \times 0.7}{24 \times 0.8} = 175 \text{A}$

答：应选用焊接电流 175A。

9. 车削直径为 80mm 棒料的外圆，车床主轴的转速为 $n = 240 \text{r/min}$，试求切削速度 V_c。

解：由公式 $v = \dfrac{\pi d_w n}{1000}$

得：$v = \dfrac{3.14 \times 80 \times 240}{1000} = 60.288 \text{m/min}$

答：切削速度为 60.288m/min。

10. 如第 10 题图所示，制件需弯成内边不带圆弧的直角，已知 $l_1 = 55\text{mm}$，$l_2 = 80\text{mm}$，$t = 3\text{mm}$，求毛坯的长度。

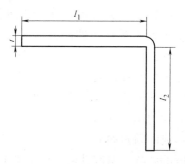

第 10 题图

解：$l = l_1 + l_2 + 0.5t = 55 + 80 + 0.5 \times 3 = 136.5\text{mm}$

答：毛坯长度需 136.5mm。

2.4 简答题

1. 什么是 Fe-Fe$_3$C 相图？简述根据含碳量、组织转变的特点及室温组织，铁碳合金的分类方法？

答：Fe-Fe$_3$C 相图是表示在极其缓慢加热（或冷却）条件下，铁碳合金的成分、温度与组织或状态之间关系的图形。

根据含碳量、组织转变的特点及室温组织，铁碳合金可分为钢和白口铸铁。

含碳量 0.0218%～2.11% 的铁碳合金称为钢。其中根据其含碳量及室温组织的不同，又可分为：亚共析钢（含碳量 0.0218%～0.77%）、共析钢（含碳量 0.77%）和过共析钢（含碳量 0.77%～2.11%）。

含碳量 2.11%～6.69% 的铁碳合金称为白口铸铁。其中根据其含碳量及室温组织的不同，又可分为：亚共晶白口铸铁（含碳量 2.11%～4.3%）；共晶白口铸铁（含碳量 4.3%）；过共晶白口铸铁（含碳量 4.3%～6.69%）。

2. 简述共析钢加热时奥氏体的形成过程，影响奥氏体形成的因素有哪些?

答：共析钢加热时奥氏体形成，珠光体向奥氏体转变，其转变过程遵循结晶的基本规律，即晶核形成和晶核长大。具体可分为以下 3 个步骤：

(1) 奥氏体晶核形成及长大；

(2) 残余渗碳体的溶解；

(3) 奥氏体的均匀化。

影响奥氏体形成的因素如下：

(1) 加热温度的影响，温度升高，加速奥氏体的形成；

(2) 原始组成的影响，在其他条件相同的情况下，珠光体组织越细，奥氏体形成速度越快；

(3) 化学成分的影响，钢中含碳量越高，则奥氏体形成速度越快。钢中加入合金元素不改变奥氏体的形成过程，但要改变奥氏体化的温度，并影响奥氏体的形成速度。

3. 过冷奥氏体等温转变根据等温温度分为哪几类，分别得到什么组织？

答：过冷奥氏体等温转变根据等温温度分为高温转变和中温转变两大类。

高温转变又称珠光体类转变，在 $A_1 \sim 550℃$ 温度范围内，奥氏体转变为铁素体和渗碳体组成的片状珠光体。等温温度越低，珠光体越细。分别为索氏体、托氏体。

中温转变又称贝氏体类转变，在 $550℃ \sim M_S$ 温度范围内，奥氏体转变为贝氏体，其中 $550 \sim 350℃$ 温度范围内形成上贝氏体；$350℃ \sim M_S$ 温度范围内形成下贝氏体。

4. 影响 C 曲线（过冷奥氏体等温转变曲线）的因素主要有哪些？如何影响 C 曲线的形状和位置？

答：影响 C 曲线的因素主要有含碳量、合金元素、加热温度和保温时间等。

（1）含碳量的影响，亚共析钢的 C 曲线随含碳量的增加向右移，过共析钢的 C 曲线，随含碳量的增加向左移，共析钢过冷奥氏体最稳定；

（2）合金元素的影响，除钴以外，其他合金元素溶入奥氏体后，均使 C 曲线向右移动；

（3）加热温度和保温时间，加热温度越高或保温时间越长，C 曲线越向右移。

5. 金属冷塑性变形和热塑性变形对组织和性能各会产生什么影响？

答：冷塑性变形使金属组织由等轴晶粒变为纤维组织，对性能影响主要是造成加工硬化，即随着变形度的增加，金属强度、硬度提高，而塑性、韧性下降。

热塑性变形可以消除铸态组织的缺陷，细化晶粒，形成热变形纤维组织。

6. 串联电路、并联电路各有何特点？

答：（1）串联电路的特点：

1）串联电路中流过每个电阻的电流都相等；

2）串联电路两端的总电压等于各电阻两端的分电压之和；

3）串联电路的等效电阻（即总电阻）等于各串联电阻之和；

4）各串联电阻两端的电压与其电阻的阻值成正比。

（2）并联电路的特点：

1）并联电路中各电阻两端的电压相等，且等于电路两端的电压；

2）并联电路两端的总电流等于各电阻的电流之和；

3）串联电路的等效电阻（即总电阻）的倒数等于各并联电阻的倒数之和；

4）流过各并联电阻中的电流与其阻值成反比。

7. 简述基尔霍夫第一定律、基尔霍夫第二定律的内容。

答：基尔霍夫第一定律又称节点电流定律，它确定了连接在同一节点上的各条支路电流间的关系。即在任一时刻流进一个节点的电流之和恒等于流出这个节点的电流之和；或者说，在任一时刻流过任一节点的电流的代数和为零。

基尔霍夫第二定律又称回路电压定律，它确定电路中任一回路里的所有电动势（电位升高）和各电阻上电压降（电位降低）之间关系。即在任意回路中，电动势的代数和恒等于各电阻上电压降的代数和。

8. 什么是电流的热效应？什么是焦耳-楞次定律？写出其数学式。

答：电流流过导体时使导体发热的现象称为电流的热效应，即把电能转换成热能的效应。

电流流过导体产生的热量，与电流强度的平方、导体的电阻有通电时间成正比。这个定律称为焦耳-楞次定律。其数学式为：

$$Q=I^2RT$$

式中　Q——电流产生的热量，J；

　　　I——导体中电流强度，A；

　　　R——导体的电阻，Ω；

　　　T——通电时间，s。

9. 什么是气体电离？气体电离的方式有哪几种？

答：气体受到电场或热的作用，使中性的气体分子中的电子获得足够的能量，以克服原子核对它的引力，而成为自由电子，同时中性原子由于失去 电子而变成带正电荷的正离子，这种使中性的气体分子或原子释放电子形成正离子的过程称为气体电离。

气体电离的方式有热电离、电场作用下的电离和光电离等形式。

10. 熔滴过渡的形态有哪几种？试分别叙述其过渡的形式。

答：熔滴过渡形态有滴状过渡、短路过渡、喷射过渡。

滴状过渡形式是当电弧长度超过一定值时，熔滴依靠表面张力的作用，自由过渡到熔池，而不发生短路。滴状过渡有粗滴过渡和细滴过渡之分，粗滴过渡时飞溅大，电弧不稳定，成形不好。

短路过渡形式是焊丝端部的熔滴与溶池短路接触，由于强烈的热和磁收缩的作用使其爆断，直接向熔池过渡。短路过渡能在小功率电弧下（小电流，低电弧电压），实现稳定的金属熔滴过渡和稳定的焊接过程。适合于薄板或需低热输入的情况下焊接。

喷射过渡形式是细小颗粒溶滴以喷射状态快速通过电弧空间向熔池过渡的形式。产生喷射过渡除了要有一定的电流密度外，还必须要有一定的电弧长度。其特点是熔滴细，过渡频率高，电弧稳定，飞溅小，熔深大，焊缝成形美观，生产效率高。

11. 简述硫在焊缝中的有害作用，硫在钢中的主要存在形式，脱硫的方法有哪些？酸性焊条与碱性焊条，哪一种焊条的脱硫效果好?

答：硫在焊缝中的有害作用主要是产生热裂纹，硫能引起偏析，降低焊缝金属的冲击韧性和耐腐蚀性能。

硫在钢中主要以 FeS 和 MnS 两种硫化物的形态存在。

脱硫方法有：元素脱硫和熔渣脱硫。

酸性焊条药皮形成的熔渣中，有大量的酸性氧化物，这些酸性氧化物易与 MnO、CaO 等碱性氧化物反应生成复合物，因此脱硫效果不好；碱性焊条药皮形成的熔渣中，有大量的碱性氧化物，萤石和铁合金，因此脱硫效果好。

12. 什么是焊缝金属的合金化? 合金化的方式有哪些?

答：焊缝金属的合金化就是把所需的合金元素，通过焊接材料过渡到焊缝金属中去，使焊缝金属成分达到所需的要求。

合金化的方式主要有：

（1）应用合金焊丝，即利用含合金元素的焊丝再配以药皮或焊剂，使合金元素过渡到焊缝中去；

（2）应用药芯焊丝或药芯焊条，即根据需要调整药芯中各种成分合金的比例；

（3）应用合金药皮或陶质焊剂；

（4）应用合金粉末，即把一定颗粒度的粉末，直接撒在焊件表面上或坡口内，与熔化金属熔合，进行合金化；

（5）应用置换反应，即在药皮或焊剂中放入金属氧化物，通过熔渣与液态金属的置换反应过渡合金元素。

13. 什么是合金过渡系数? 影响合金过渡系数的因素有哪些?

答：焊接材料中的合金元素过渡到焊缝金属中的数量与其原始含量的百分比称为合金过渡系数。

影响合金过渡系数的因素有：焊接熔渣的酸碱度、合金元素与氧的亲和力及电弧的长度等。

14. 什么是焊缝金属的一次结晶? 它与金属的结晶比较有什么特点?

答：焊缝金属由液态转变为固态的凝固过程，即焊缝金属晶体结构的形成过程称为焊缝金属的一次结晶。

焊缝金属的一次结晶遵循金属结晶的一般规律，同时具有以下特点：

（1）熔池的体积小，冷却速度大；

（2）熔池中的液态金属处于过热状态；

（3）熔池是在运动状态下结晶。

15. 气体保护焊与其他焊接方法相比具有哪些优点？

答：（1）气体保护焊是明弧焊，焊接过程中，一般没有熔渣，熔池的可见度好，适宜进行全位置焊接；

（2）热量集中，电弧在保护气体的压缩下，热量集中，焊接热影响区窄，焊件变形小，尤其适用于薄板焊接；

（3）可焊接化学性质活泼的金属及其合金，或获得高质量的焊缝。

16. 简述等离子切割的原理及特点。

答：等离子弧切割是利用等离子弧的热能实现切割的方法。切割时等离子弧将割件熔化，并借等离子流的冲击力将熔化金属排除，从而形成割缝。

等离子切割弧的特点：

（1）可切割任何黑色金属、有色金属；

（2）采用非转移型弧，可切割非金属材料及混凝土、耐火砖等；

（3）由于等离子弧能量高度集中，所以切割速度快，生产率高；

（4）切口光洁、平整，切口窄，热影响区小，变形小，切割质量好。

17. 简述电渣焊的原理及特点。

答：电渣焊是利用电流通过液态熔渣所产生的电阻热进行焊接的方法。

电渣焊的特点如下：

（1）大厚度焊件可一次焊成，且不开坡口。

（2）焊缝缺陷少，焊缝含氮量少，不易产生气孔、夹渣及裂纹等缺陷；

（3）焊丝与焊剂消耗量少，焊件越厚，成本相对较低；

（4）焊接接头晶粒粗大，须通过焊后热处理，细化晶粒，改善焊接接头的力学性能。

18. 普通低合金结构钢焊接时易出现哪些问题？其原因各是什么？如何有效防止？

答：普通低合金结构钢焊接时易出现热影响区的淬硬倾向、焊接接头的冷裂纹、热裂纹等缺陷。影响热影响区的淬硬倾向主要是化学成分和冷却速度，含碳量和含合金元素量越高，其淬硬倾向越大，冷却速度越大，淬硬倾向越大。

在焊接强度级别高、厚板时，易在焊缝金属和热影响区产生冷裂纹。

含硫量、含碳量偏高时易产生热裂纹，预热是防止热影响区的淬硬倾向、焊接接头的冷裂纹、热裂纹等缺陷的简单有效措施。

19. 低碳钢焊后热处理应注意哪些问题？

答：（1）不要超过母材的回火温度，以免影响母材的性能；

（2）对于有回火脆性的材料，应避开出现脆性的温度区间，以免出现脆性；

（3）对于含有一定量铜、钼、钒、钛的低合金钢消除应力退火时，应注意防止产生再热裂纹。

20. 什么是晶间腐蚀，晶间腐蚀是如何产生的及如何防止？

答：沿焊缝晶粒边界发生的腐蚀破坏现象称为晶间腐蚀。

奥氏体不锈钢具有抗腐蚀能力的必要条件是含铬量大于12％，奥氏体不锈钢晶界中出现贫铬区（含碳量低于12％）则失去抗腐蚀的能力。奥氏体不锈钢焊接时在450～850℃温度下，碳在奥氏体中扩散速度大于铬在奥氏体中扩散速度。室温下碳在奥氏体中的溶解度很小，碳就不断地向奥氏体晶界扩散，并和铬化合形成铬化物。由于铬比碳原子半径大，扩散速度小，来不及向晶界扩散，晶界附近大量的铬和碳化合成碳化铬，造成奥氏体边界的贫铬区，从而失去抗腐蚀的能力，即引起晶间腐蚀。

焊接时采用以下方法，可以减少和防止晶间腐蚀的产生：

（1）选用超低碳的钢（C≤0.03%）或添加钛或铌等稳定元素的不锈钢焊条；

（2）采用小电流、快速焊、短弧焊及不作横向摆动等减少危险温度（450~850℃）的停留时间；

（3）焊后固溶处理，即将工件加热至1050~1100℃，使碳迅速熔入奥氏体中，然后迅速冷却，形成稳定的奥氏体组织；

（4）使焊接接头中形成奥氏体和铁素体的双相组织，减少和隔断奥氏体晶粒的连续晶界。

21. 灰口铸铁焊接时最严重的缺陷是什么？产生的原因是什么？

答：灰铸铁焊接性差，焊接时会产生一系列的缺陷，危害最严重的是白口和裂纹。

产生白口的原因，一是焊缝的冷却速度太快，尤其是熔合线附近处的焊缝金属是冷却最快的位置；二是焊条选择不当，即焊条中的石墨化元素含量不足。

产生的裂纹有热应力裂纹和热裂纹，产生的原因是由于灰铸铁的塑性接近零，抗拉强度低，焊接时如果焊缝强度高于母材，则冷却时母材往往牵制不住焊缝收缩，使结合处母材被撕裂。另外当结合处产生白口组织时，因白口组织硬而脆，冷却收缩率又比基本金属灰铸铁大得多，更促使焊缝金属在冷却时的开裂。

22. 简述堆焊金属合金成分的选择原则。

答：堆焊金属合金成分的选择应遵守以下原则：

（1）使用性，即应满足焊件的使用要求，根据焊件的磨损类型、工作条件进行具体选择；

（2）经济性，即在满足使用要求的前提下，应尽量选择价格便宜的堆焊合金；

（3）焊接性，裂纹是合金堆焊最危险、最常见的缺陷，应选择抗裂性好的堆焊合金；

（4）资源性，即合金材料应立足于国内资源，目前尽可能少用镍。

23. 如何采用合理的焊接顺序和方向减少焊接残余应力？

答：先焊收缩量较大的焊缝，使焊缝能较自由地收缩；先焊错开的短焊缝，后焊直通长焊缝；先焊工作时受力较大的焊缝，使内应力合理分布。

24. 焊接接头力学性能试验有哪几种？分别用于测试焊接接头的什么指标？

答：焊接接头力学性能试验有拉伸试验、硬度试验、冲击试验、疲劳试验、弯曲试验和压扁试验等。它们分别用于测试焊接接头的指标如下：

（1）拉伸试验，用于测定焊接接头或焊缝金属的抗拉强度、屈服强度、延伸率和断面收缩率；

（2）硬度试验，测定焊接接头的焊缝金属、焊件及热影响区各部分的硬度，可间接判断材料的焊接性；了解区域偏析和近缝区的淬硬倾向；

（3）冲击试验，用于测定焊缝金属或焊件热影响区的韧性，即在受冲击载荷时抵抗断裂能力，及脆性转化温度区间；

（4）疲劳试验，测定焊接接头或焊缝金属在对称交变载荷作用下的持久强度；

（5）弯曲试验，反映出焊接接头各区域的塑性差别，考核焊合区的熔合质量和暴露焊接缺陷；

（6）压扁试验，测定管子焊接对接接头的塑性。

25. 焊接接头的非破坏性检验方法有哪几种？

答：焊接接头的非破坏性检验方法有以下几种：

（1）外观检查；

（2）密封性检查；

（3）耐压检验；

（4）渗透探伤；

（5）磁粉探伤；

（6）超声波探伤；

（7）射线探伤。

26. 磁粉探伤的原理是什么？磁粉探伤适用于什么场合？有什么局限性？

答：磁粉探伤的原理是，将被检查的铁磁工件放在较强的磁场中，磁力线通过工件时，形成封闭的磁力线。由于铁磁性材料的导磁能力很强，如果工件表面或近表面有裂纹、夹渣等缺陷时，将阻碍磁力线的通过，磁力线不但会在工件内部产生弯曲，而且会有一部分磁力线绕过缺陷而暴露在空气中，产生磁漏现象。这个漏磁场能吸引磁铁粉，把磁铁粉集成与缺陷形状和长度相近似的迹象，其中磁力线若垂直于裂纹时，显示最清楚。

磁粉探伤最适用于薄壁工件、导管；它能很好地发现表面裂纹、一定深度和一定大小的未焊透，但难以发现气孔、夹渣和隐藏较深处的缺陷。

27. 乙炔气瓶安全使用的要点主要有哪些？

答：乙炔瓶使用除了要遵守氧气瓶的使用要求外，还应严格遵守下列规定：

（1）乙炔瓶应直立放置，卧置会使丙酮随乙炔流出，甚至会通过减压器流入乙炔胶管和割炬内，引起燃烧和爆炸。

（2）乙炔瓶不应受到剧烈震动，以免瓶内多孔性填料下沉而形成孔洞，影响乙炔的储存，引起乙炔瓶爆炸。

（3）乙炔瓶体温度不能超过 40℃，乙炔在丙酮中的溶解度随着温度的升高而降低。

（4）当乙炔瓶阀冻结时，严禁用明火直接烘烤，必要时只能用 40℃热水解冻。

（5）乙炔瓶内的乙炔不能全部用完，最后要保留一定的余气。

28. 低碳钢的焊接性有什么特点？

答：低碳钢因含碳量低，焊接性好，通常不需要采用特殊工艺措施，便可获得优质焊接接头。主要特点如下：

（1）塑性好，淬硬倾向小，焊缝及近缝区不易产生冷裂。

（2）一般情况下焊接前不需进行预热。

（3）在焊接沸腾钢时，由于钢中硫、磷等杂质含量较多，有轻微的产生裂纹倾向。

（4）若火焰能率过大或焊接速度过慢等，就会产生热影响区晶粒长大现象。

29. 简述高碳钢气焊工艺的要点。

答：高碳钢气焊时应注意以下工艺要点：

（1）当焊接要求较高的焊件时，则选用与母材成分相同或相似的焊丝，甚至选用合金结构钢焊丝；当焊接要求不高的焊件时，可采用低碳钢焊丝；

（2）可采用轻微碳化焰；

（3）焊前进行预热，即将焊件坡口及其两边各 $25\sim30mm$ 范围内的金属，连同引出板一起加热到 $800\sim900℃$，最好将焊接区域底垫铺的耐火砖表面也预热到红色，以利保温；

（4）采用反面中间分段焊，以消除焊缝中裂纹；

（5）焊件焊后应整体退火，以消除焊接残余应力，高碳钢焊件也可以在焊后进行高温回火，回火温度为 $700\sim800℃$，以消除应力，防止裂纹产生，改善焊缝的脆性组织。

30. 简述一般结构件装配基准面的选择原则。

答：装配时用来确定零件或部件在产品中的相对位置所采用的基准面称为装配基准面，其选择遵守以下原则：

（1）当零件的外形有平面也有曲面时，应选择平面作为装配基准面；

（2）在零件上若有若干平面的情况下，应选择较大的平面作为装配基准面；

(3) 根据零件的用途，选择最重要的面作为装配基准面；

(4) 选择的装配基准面，要便于其他零件的定位和夹紧。

2.5 实际操作题

1. 对接平焊

(1) 试件图样

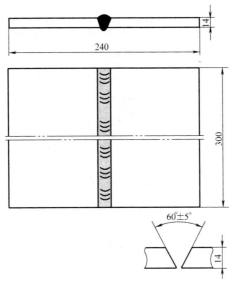

第1题图

(2) 技术要求及说明

1) 本试件要求单面焊双面成形，放置水平位置焊接，背面不得加垫板；

2) 使用直流焊机，采用 E5015 焊条；

3) 试件材料：16Mn；

4) 钝边高度与间隙自定；

5) 工时：60min。

考核项目及评分标准

序号	考核项目		技术要求及评分标准	标准分	检测记录点				得分
1	焊缝外形尺寸	焊缝余高	焊缝余高：0~3mm；焊缝余高差≤2mm；如果：焊缝余高＞3mm、焊缝余高＜0或焊缝余高超差，有1项以上不合格，扣2~10分	10					
		焊缝宽度	焊缝宽度比坡口两侧增宽0.5~2.5mm；宽度差≤3mm。如果：增宽＞2.5mm、增宽＜0.5mm或宽度超差，有1项以上不合格，扣3~15分	15					
2	咬边		深度≤0.5mm，焊缝两侧咬边累计总长度不超过焊缝有效长度范围内的40mm；焊缝两侧咬边累计总长度，每5mm，扣1分；咬边深度＞0.5mm或累计总长度＞40mm，此焊件不合格	6					
3	未焊透		未焊透深度≤1.5mm，焊缝有效长度未焊透不超过26mm；未焊透累计总长度每5mm扣1分，未焊透深度＞1.5mm或累计总长度＞26mm，此焊件不合格	7					
4	背面内凹		背面内凹深度≤2m,焊缝有效长度背面内凹不超过26mm；背面内凹累计总长度，每5mm扣1分，背面内凹深度＞2mm或累计总长度＞26mm，扣6分	7					
5	试件错边		试件错边量≤1mm；错边量＞1mm，扣5分	5					
6	试件变形		试件焊后变形角≤3°；试件焊后变形角＞3°，扣5分	5					
7	x 射线探伤	按GB 3323—2005	Ⅰ级焊缝30分；Ⅱ级焊缝25分；Ⅲ级焊缝18分；Ⅳ级及以下，此焊件不合格	30					
8	试样弯曲	面弯试样背弯试样	将试件冷弯至50°后，其拉伸面上不得有任何1个横向（沿试样宽度方向）裂纹或缺陷长度不得＞1.5mm，也不得有任何纵向（沿试样长度方向）裂纹或缺陷长度不得＞3mm；面弯经补样后才合格，扣4分；背弯经补样后才合格，扣6分	10					

114

序号	考 核 项 目		技术要求及评分标准	标准分	检测记录点			得分
9	材料	所用材料符合要求	没按图纸给定的材料施焊,此焊件不合格					
10	焊缝表面	试件焊完后焊缝保持原始状态	试件有修补处,此焊件不合格					
11	清理现场	将材料及工量具整理归位	未整理归位,扣5分;整理不当,扣3分	5				
12	工效	在规定时间内完成	完成定额60%以下此焊件不合格;完成定额60%~100%的酌情扣分;超额完成劳动定额,酌情加1~10分					
合计				100				

2. 立角焊

（1）试件图样

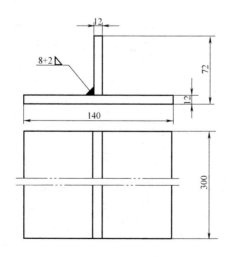

（2）技术要求及说明

115

1）T字形接头，立角焊缝，施焊时焊缝必须与地面垂直，且置于离地面 200～250mm 范围施焊；

2）使用直流焊机，采用 E5015 焊条；

3）试件材料：16Mn；

4）工时：40min；

5）试件两端 20mm 内缺陷不计。

考核项目及评分标准

序号	考 核 项 目	技术要求及评分标准	标准分	检测记录点			得分
1	焊脚尺寸 8＋2	焊脚最大尺寸≤10mm,焊脚最小尺寸≥8mm;超差≤2mm 内累计长度,每30mm 扣 2 分;超差>2mm 累计长度,每 50mm 扣 4 分	20				
2	焊缝对称焊波均匀成形美观	焊缝中凸≤1.5mm,焊缝内凹≤1.5mm;焊角不对称超过 2mm 累计长度50mm,扣 3 分;接头脱节(露弧坑),扣 2 分;焊缝中凸>1.5mm或焊缝内凹>1.5mm 每处扣 2分;起头及收尾处端部不平齐,每处扣 3 分	15				
3	咬边深度	焊缝两侧咬边≤0.5mm 累计总长度,每 5mm 扣 1 分;>0.5mm 不得分;≤0.5mm 的长度大于 100mm 不得分	20				
4	无气孔	有气孔不得分	6				
5	无夹渣	有夹渣不得分	6				
6	无焊瘤	有焊瘤不得分	6				
7	无电弧擦伤	电弧擦伤试件,每处扣 2 分	6				
8	试件变形	试件焊后变形角度≤3°,>3°不得分	10				
9	焊条头	焊条头≤50mm	6				

116

序号	考核项目		技术要求及评分标准	标准分	检测记录点				得分
10	材料	所用材料符合要求	没按图纸给定的材料施焊,此焊件不合格						
11	焊缝表面	试件焊完后焊缝保持原始状态	试件有修补处,此焊件不合格						
12	清理现场	将材料及工量具整理归位	未整理归位,扣5分;整理不当,扣3分	5					
13	工效	在规定时间内完成	完成定额 60% 以下此焊件不合格;完成定额 60%～100% 的酌情扣分;超额完成劳动定额,酌情加 1～10 分						
合计				100					

3. 管子与法兰焊接

(1) 试件图样

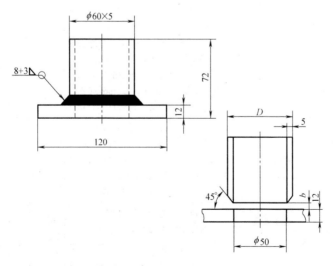

(2) 技术要求及说明

1) 骑座式接头,单面焊双面成形,施焊时置俯位垂直固定

117

焊接；

　　2）使用直流焊机，采用 E5015 焊条；

　　3）试件材料：管材 20 钢，管板 20g 钢；

　　4）工时：40min；

　　5）间隙自定。

考核项目及评分标准

序号	考核项目	技术要求及评分标准	标准分	检测记录点		得分
1	焊脚尺寸 8＋3	焊脚最大尺寸≤11mm,焊脚最小尺寸≥8mm； 焊脚不符合尺寸,扣 5～20 分	20			
2	焊缝对称焊波均匀 成形美观	焊缝中凸≤1.5mm,焊缝内凹≤1.5mm； 焊缝中凸＞1.5mm 或焊缝内凹＞1.5mm 每处扣 2 分；起头及收尾处端部不平齐,每处扣 3 分	15			
3	咬边深度	咬边深度≤0.5mm 咬边深度不符合要求的焊缝两侧总长度不超过焊缝总长度的 20％	10			
4	未焊透	未焊透深度≤1.5mm,焊缝有效长度未焊透不超过 24mm； 未焊透累计总长度,每 5mm 扣 1分,未焊透深度＞1.5mm 或累计总长度＞24mm,此焊件不合格	10			
5	背面内凹	背面内凹深度≤1.5mm,焊缝有效长度背面内凹不超过 24mm； 背面内凹累计总长度,每 5mm 扣 1分,背面内凹深度＞2mm 或累计总长度＞24mm,此焊件不合格	10			
6	通球检验	通球直径为管内径的 85％； 通球检验不合格不得分	10			
7	无气孔	大于 0.5mm,不大于 1.5mm 的气孔不超过 1 个；≤0.5mm 气孔不超过 3 个； 有上述每项不合格扣 3 分	10			

118

序号	考核项目		技术要求及评分标准	标准分	检测记录点			得分
8	无夹渣		大于 0.5mm,不大于 1.5mm 的夹渣不超过 1 个;≤0.5mm 夹渣不超过 3 个;·有上述每项不合格扣 3 分	10				
9	材料	所用材料符合要求	没按图纸给定的材料施焊,此焊件不合格					
10	焊缝表面	试件焊完后焊缝保持原始状态	试件有修补处,此焊件不合格					
11	清理现场	将材料及工量具整理归位	未整理归位,扣 5 分;整理不当,扣 3 分	5				
12	工效	在规定时间内完成	完成定额 60% 以下此焊件不合格;完成定额 60%～100% 的酌情扣分;超额完成劳动定额,酌情加 1～10 分					
合计				100				

4. 平对接氩弧焊

（1）试件图样

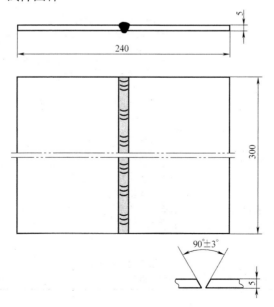

（2）技术要求及说明

1）手工钨极氩弧焊，单面焊双面成形，施焊时置水平位置焊接；

2）使用手工钨极氩弧焊机，采用 H1Cr18Ni9Ti 焊条；

3）试件材料：1Cr18Ni9Ti；

4）工时：40min；

5）钝边高度与间隙自定。

考核项目及评分标准

序号	考核项目		技术要求及评分标准	标准分	检测记录点			得分
1	焊缝外形尺寸	焊缝余高	焊缝余高：0～3mm； 焊缝余高差≤2mm； 如果：焊缝余高＞3mm、焊缝余高＜0 或焊缝余高超差，有 1 项以上不合格，扣 2～10 分	10				
2		焊缝宽度	焊缝宽度比坡口两侧增宽 0.5～2.5mm； 宽度差≤3mm； 如果：增宽＞2.5mm、增宽＜0.5mm 或宽度超差，有 1 项以上不合格，扣 3～15 分	15				
3	咬边		深度≤0.5mm，焊缝总有效长度的 15%； 深度＞0.5mm，咬边焊缝长度＞焊缝总有效长度的 15%时，扣 6 分	6				
4	未焊透		整条焊缝不允许有未焊透缺陷； 有未焊透缺陷，扣 6 分	6				
5	背面内凹		深度≤1mm%，累计总长度≤焊缝总有效长度的 10%； 背面凹坑长度，每 5mm 扣 1 分，扣满 6 分为止； 背面凹坑深度大于 1mm，不得分	6				
6	试件错边		试件错边量≤0.5mm； 超标不得分	6				

序号	考核项目		技术要求及评分标准	标准分	检测记录点			得分
7	试件变形		试件变形角≤3°； 超标不得分	6				
8	x射线探伤	按GB 3323—2005	Ⅰ级焊缝30分； Ⅱ级焊缝25分； Ⅲ级焊缝18分； Ⅳ级及以下，此焊件不合格	30				
9	试样弯曲	面弯试样背弯试样	将试件冷弯至50°后，其拉伸面上不得有任何1个横向(沿试样宽度方向)裂纹或缺陷长度不得>1.5mm，也不得有任何纵向(沿试样长度方向)裂纹或缺陷长度不得>3mm； 面弯经补样后才合格扣4分；背弯经补样才合格的扣6分	10				
10	材料	所用材料符合要求	没按图纸给定的材料施焊，此焊件不合格					
11	焊缝表面	试件焊完后焊缝保持原始状态	试件有修补处，此焊件不合格					
12	清理现场	将材料及工量具整理归位	未整理归位，扣5分； 整理不当，扣3分	5				
13	工效	在规定时间内完成	完成定额60%以下此焊件不合格；完成定额60%～100%的酌情扣分；超额完成劳动定额，酌情加1～10分					
合计				100				

第三部分　高级建筑焊割工

3.1　选择题

1. 铸铁焊条的分类主要分为（D）。
   A. 铁基焊条、高钒焊条和其他焊条
   B. 高钒焊条、镍基焊条和其他焊条
   C. 铁基焊条、碳钢焊条和其他焊条
   D. 铁基焊条、镍基焊条和其他焊条
2. 型号为 EZCQ 焊条中的 E 表示（A）。
   A. 焊条　　B. 填充焊丝　　C. 焊条药皮　　D. 焊剂
3. 型号为 EZCQ 焊条中的 Z 表示（B）。
   A. 焊条　　　　　　　　B. 用于铸铁焊接
   C. 熔敷金属类型为铸铁　D. 熔敷金属中含有球化剂
4. 型号为 EZCQ 焊条中的 C 表示（C）。
   A. 焊条　　　　　　　　B. 用于铸铁焊接
   C. 熔敷金属类型为铸铁　D. 熔敷金属中含有球化剂
5. 型号为 EZCQ 焊条中的 Q 表示（D）。
   A. 焊条　　　　　　　　B. 用于铸铁焊接
   C. 熔敷金属类型为铸铁　D. 熔敷金属中含有球化剂
6. 型号为 EZNiFe-1 焊条中的 NiFe 表示（C）。
   A. 焊条　　　　　　　　B. 用于铸铁焊接
   C. 熔敷金属主要元素为镍、铁　D. 熔敷金属中含有球化剂
7. 型号为 RZCH 焊丝中的 R 表示（D）。
   A. 焊条　　　　B. 填充焊丝

122

C. 熔敷金属类型　D. 焊丝中含有合金元素

8. 型号为 RZCH 焊丝中的 R 表示（B）。

　A. 焊条　　　B. 填充焊丝　　　C. 焊条药皮　　　D. 焊剂

9. 铝及铝合金焊丝型号 SAl4043（AlSi5）中的 SAl 表示（A）。

　A. 铝及铝合金焊丝　B. 焊丝型号

　C. 化学成分代号　　D. 铝气焊熔剂

10. 铜及铜合金焊丝型号 SCu1898（CuSn1）中的 1898 表示（B）。

　A. 铜及铜合金焊丝　　　B. 焊丝型号

　C. 化学成分代号　　　　D. 铜气焊熔剂

11.《铸铁焊条及焊丝》GB/T 10044—2006 规定，型号（A）为灰铸铁焊条。

　A. EZC　　　B. EZCQ　　C. EZFe　　D. EZV

12.《铸铁焊条及焊丝》GB/T 10044—2006 规定，型号（B）为球墨铸铁焊条。

　A. EZC　　　B. EZCQ　　C. EZFe　　D. EZV

13.《铸铁焊条及焊丝》GB/T 10044—2006 规定，型号（D）为高钒焊条。

　A. EZC　　　B. EZCQ　　C. EZFe　　D. EZV

14.《铸铁焊条及焊丝》GB/T 10044—2006 规定，铸铁焊条中的铁基焊条、镍基焊条和高钒焊条等是根据熔敷金属的（B）及用途划分型号的。

　A. 力学性能　B. 化学成分　C. 焊接性能　D. 焊接方法

15.《铝及铝合金焊丝》GB/T 10858—2008 规定，型号（A）为铝及铝合金焊丝。

　A. SAl　　B. SCu　　C. SMg　　D. SMn

16.（C）为铜气焊熔剂。

　A. CJ101　　B. CJ201　　C. CJ301　　D. CJ401

17.（D）为铝气焊熔剂。

　A. CJ101　　B. CJ201　　C. CJ301　　D. CJ401

18. 减压器的常见故障有（D）。

A. 工作压力太高、内部漏气　B. 内部漏气、工作压力太低

C. 外部漏气、工作压力太低　D. 外部漏气、工作压力太高

19. 碳当量值愈高，则下面描述不正确的是（D）。

A. 钢材淬硬性倾向愈大　　　B. 冷裂敏感性愈大

C. 容易产生冷裂纹　　　　　D. 容易产生热裂纹

20. 下列检查项目中，（D）是属于焊接过程中的检验。

A. 坡口组对　B. 射线探伤　C. 水压试验　D. 焊接规范控制

21. 影响金属组织从而影响冷裂敏感性的因素是（D）。

A. 化学成分

B. 化学成分、冷却速度

C. 化学成分、冷却速度、焊接热循环中的最高加热温度

D. 化学成分、冷却速度、焊接热循环中的最高加热温度和高温停留时间等

22. 将钢中合金元素（包括碳）的含量按其作用换算成碳的相当含量，叫该种材料的（C）。

A. 含碳量　B. 含合金元素量　C. 碳当量　D. 合金元素当量

23. 碳当量 C_E 值愈高，钢材（D）。

A. 淬硬倾向愈大，强度愈高

B. 冷裂敏感性愈大，韧性愈好

C. 强度愈高，韧性愈好

D. 淬硬倾向愈大，冷裂敏感性也愈大

24. 当碳当量大于（D）时，就容易产生冷裂纹。

A. 0. 15%～0. 25%　　　B. 0. 25%～0. 35%

C. 0. 35%～0. 45%　　　D. 0. 45%～0. 55%

25. 根据焊件材料的化学成分或焊接接头热影响区的最高硬度，进行材料冷裂纹的评定方法，叫（A）。

A. 间接评定法　　　B. 直接评定法

C. 间接试验法　　　D. 直接试验法

26. 冷裂纹敏感性指数 P_w，其计算公式为 $P_w = P_{cM} + \dfrac{\delta}{600} + \dfrac{H}{60}$

（％），其中 H 表示（B）。

    A. 板厚   B. 焊缝金属中扩散氢含量

    C. 焊缝硬度   D. 含碳量

27. 冷裂纹敏感性指数 P_w，其计算公式为 $P_w = P_{cM} + \dfrac{\delta}{600} + \dfrac{H}{60}$

（％），其中 δ 表示（A）。

    A. 板厚   B. 焊缝金属中扩散氢含量

    C. 焊缝硬度   D. 含碳量

28. 关于热影响区最高硬度法，下列描述不正确的是（B）。

    A. 热影响区最高硬度法方法较简便，对于判断热影响区冷裂倾向有一定价值

    B. 热影响区最高硬度法考虑了组织因素及涉及氢和应力等对实际焊接产品的冷裂倾向

    C. 热影响区最高硬度法不能借以判断实际焊接产品的冷裂倾向

    D. 热影响区最高硬度法适用于相同试验条件下不同母材冷裂倾向的相对比较

29. 下面不属于冷裂纹的自拘束试验的是（D）。

    A. 斜 y 形坡口焊接裂纹试验方法

    B. 搭接接头（CTS）焊接裂纹试验方法

    C. T 形接头焊接裂纹试验方法

    D. 拉伸拘束裂纹试验（TRC）

30. 下面不属于冷裂纹的外拘束试验的是（B）。

    A. 插销式试验

    B. 搭接接头（CTS）焊接裂纹试验方法

    C. 拉伸拘束裂纹试验（TRC）

    D. 刚性拘束裂纹试验（RRC）

31. 用于低合金钢焊接热影响区，由于马氏体转变而引起的裂纹试验属于（B）。

    A. 斜 y 形坡口焊接裂纹试验方法

B. 搭接接头（CTS）焊接裂纹试验方法

. C. T 形接头焊接裂纹试验方法

D. 拉伸拘束裂纹试验（TRC）

32. 适用于板厚≥12mm 的冷裂纹及再热裂纹抗裂性能试验的是（A）。

A. 斜 y 形坡口焊接裂纹试验方法

B. 搭接接头（CTS）焊接裂纹试验方法

C. T 形接头焊接裂纹试验方法

D. 拉伸拘束裂纹试验（TRC）

33. 主要用来评价氢致延迟裂纹中的焊根裂纹的试验是（A）。

A. 插销式试验

B. 搭接接头（CTS）焊接裂纹试验方法

C. 拉伸拘束裂纹试验（TRC）

D. 刚性拘束裂纹试验（RRC）

34. 主要用来研究焊缝根部的冷裂纹的试验是（C）。

A. 插销式试验

B. 搭接接头（CTS）焊接裂纹试验方法

C. 拉伸拘束裂纹试验（TRC）

D. 刚性拘束裂纹试验（RRC）

35. 用来研究高强度钢的延迟裂纹的试验是（D）。

A. 插销式试验

B. 搭接接头（CTS）焊接裂纹试验方法

C. 拉伸拘束裂纹试验（TRC）

D. 刚性拘束裂纹试验（RRC）

36. 插销式试验包括了氢致延迟裂纹的三大要素：（A）。

A. 组织、氢和应力　　B. 强度、氢和应力

C. 组织、强度和应力　D. 组织、氢和强度

37. 下面全部属于焊接热裂纹试验方法的是（B）。

A. 刚性拘束裂纹试验（RRC）方法、环形镶块裂纹试验方法、可变拘束试验方法、鱼骨状可变拘束裂纹试验方法

126

B. 压板对接（FISCO）焊接裂纹试验方法、环形镶块裂纹试验方法、可变拘束试验方法、鱼骨状可变拘束裂纹试验方法

C. 压板对接（FISCO）焊接裂纹试验方法、刚性拘束裂纹试验（RRC）试验、可变拘束试验方法、鱼骨状可变拘束裂纹试验方法

D. 压板对接（FISCO）焊接裂纹试验方法、环形镶块裂纹试验方法、可变拘束试验方法、刚性拘束裂纹试验（RRC）试验

38. 下列试验方法中均属于焊接再热裂纹试验方法中直接试验法的是（D）。

A. 斜 y 形坡口焊接裂纹试验方法、平板对接刚性板拘束法、Z 向拉伸试验

B. 斜 y 形坡口焊接裂纹试验方法、Z 向拉伸试验、反面拘束焊条再热裂纹试验

C. 斜 y 形坡口焊接裂纹试验方法、平板对接刚性板拘束法、Z 向拉伸试验

D. 斜 y 形坡口焊接裂纹试验方法、平板对接刚性板拘束法、反面拘束焊条再热裂纹试验

39. 下面属于层状撕裂试验方法的（C）。

A. Z 向窗口试验、拉伸拘束裂纹试验

B. 拉伸拘束裂纹试验、Z 向拉伸试验

C. Z 向窗口试验、Z 向拉伸试验

D. 拉伸拘束裂纹试验、静拉伸试验

40. 焊接接头拉伸试样的种类有（A）。

A. 板形（条形）试样、圆形试样、管接头试样

B. 板形（条形）试样、圆形试样、U 形缺口试样

C. 板形（条形）试样、U 形缺口试样、管接头试样

D. U 形缺口试样、圆形试样、管接头试样

41. 焊接接头板形（条形）拉伸试样的宽度根据试板的厚度而定，有（A）三种。

A. 10mm、15mm、25mm　　B. 5mm、15mm、25mm

C. 10mm、20mm、30mm   D. 10mm、20mm、40mm

42. 焊接接头圆形拉伸试样的直径为（B）。

A. 5mm   B. 10mm   C. 25mm   D. 20mm

43. 对于外径小于或等于（C）焊接管接头，焊接接头拉伸试样可截取整个管段进行试验。

A. 10mm   B. 20mm   C. 30mm   D. 40mm

44. 对于（D）焊接管接头，可剖管切取纵向板形试样（如条件许可，亦可截取整个管段进行试验）。

A. 内径小于 30mm   B. 内径大于 30mm

C. 外径小于 30mm   D. 外径大于 30mm

45. 下列关于焊接接头拉伸试验合格标准的描述中不正确的是（D）。

A. 常温拉伸试验焊接接头的抗拉强度不低于母材抗拉强度规定值的下限

B. 常温拉伸试验异种钢焊接接头的抗拉强度不低于母材抗拉强度较低一侧规定值的下限

C. 高温拉伸试验焊接接头的抗拉强度不低于试验温度下母材规定的下限

D. 高温拉伸试验焊接接头的屈服点不高于试验温度下母材规定的下限

46. 弯曲试验中的弯曲试样一般分为（C）形式。

A. 面弯、正弯和侧弯   B. 正弯、背弯和侧弯

C. 面弯、背弯和侧弯   D. 面弯、正弯和背弯

47. 通常采用（D）试验，检测焊接接头的塑性大小。

A. 硬度   B. 冲击   C. 疲劳   D. 弯曲

48.（A）试验可考核焊缝的塑性、正面焊缝和母材交界处熔合区的结合质量。

A. 面弯   B. 正弯   C. 背弯   D. 侧弯

49.（C）试验可考核单面焊缝如管子对接、小直径容器纵、环缝的根部质量。

128

A. 面弯 B. 正弯 C. 背弯 D. 侧弯

50. 冲击试样的缺口形式有（A）。

A. U形缺口、V形缺口 B. X形缺口、T形缺口

C. U形缺口、X形缺口 D. T形缺口、V形缺口

51. 为充分反映焊件上的裂纹等尖锐缺陷的破坏特征，焊缝的冲击试样均采用（D）。

A. U形缺口、V形缺口 B. X形缺口、V形缺口

C. U形缺口 D. V形缺口

52. 要检测焊接接头的韧性大小，应进行（D）试验。

A. 拉伸 B. 疲劳 C. 硬度 D. 冲击

53. 熔合区是（A）。

A. 介于焊缝与热影响区之间的窄小过渡区

B. 焊缝区

C. 热影响区

D. 热影响区与母材的过渡区

54. 下面关于常温冲击试验的合格标准的描述中不正确的是（D）。

A. 每一部位3个试样冲击功的算术平均值不低于规定值

B. 低于规定值但不低于规定值70%的试样数量不多于1个

C. 异种钢焊接接头按抗拉强度较低一侧母材的冲击功规定值

D. 常温冲击试验焊接接头的抗拉强度不低于母材抗拉强度规定值的下限

55. 焊接接头冷裂纹产生的三大主要因素是（B）。

A. 压力、应力、含氢量 B. 应力、含氢量、淬硬组织

C. 含氢量、淬硬组织、压力 D. 淬硬组织、压力、应力

56. 下面关于焊接接头硬度试验方法的描述不正确的是（C）。

A. 焊接接头的硬度试验应在其横截面上进行，在横截面上划上标线及测点位置，进行试验

B. 厚度小于3mm的焊接接头允许在其表面测定硬度

C. 焊接接头硬度试验的试样没有规定的尺寸和形状

D. 如果硬度测点出现焊接缺陷，则试验结果无效

57. （D）用于不能取样进行弯曲试验的带纵焊缝和环焊缝的小直径管接头试管的试验。

　　A. 拉伸试验　　B. 冲击试验　　C. 硬度试验　　D. 压扁试验

58. 压扁试验两压板间的距离的确定与（C）有直接关系。

　　A. 管壁厚、管子外径和焊缝金属中扩散氢含量

　　B. 管壁厚、焊缝金属中扩散氢含量和材料单位伸长的变形系数

　　C. 管壁厚、管子外径和材料单位伸长的变形系数

　　D. 管子外径、焊缝金属中扩散氢含量和材料单位伸长的变形系数

59. 常规的力学性能试验包括强度、塑性、韧性和（C）。

　　A. 弹性　　　B. 刚性　　　C. 硬度　　　D. 蠕变

60. 焊接内部裂纹，最敏感的无损探伤方法是（D）。

　　A. 磁粉探伤　　B. 射线探伤　　C. 渗透探伤　　D. 超声波探伤

61. 检查焊缝中的气孔、夹渣等立体缺陷最好的方法是（C）。

　　A. 磁粉探伤　　B. 渗透探伤　　C. 射线探伤　　D. 弯曲试验

62. 射线探伤照相法检测，质量为一级的焊缝内不得有任何（D）和条状夹渣。

　　A. 裂纹、未熔合、焊点　　　B. 焊点、未熔合、未焊透

　　C. 裂纹、焊点、未焊透　　　D. 裂纹、未熔合、未焊透

63. 焊接接头射线照相缺陷评定中，根据缺陷的（C），将焊接接头质量分为四个等级。

　　A. 性质　　B. 数量　　C. 性质和数量　　D. 性质或数量

64. 在下列物质中，当厚度相同时，对 x 射线或 γ 射线强度衰减最大的是（D）。

　　A. 钢　　　B. 铜　　　C. 铝　　　D. 铅

65. 在下列各种缺陷中，最容易被射线检验发现的缺陷是（B）。

　　A. 未熔合　　　B. 气孔　　　C. 表面裂纹　　　D. 内部裂纹

66. 当下列各种材料厚度相同时，采用射线检验缺陷，灵敏度最

高的是（C）。

A. 钢件　　B. 铸铁　　C. 铝件　　D. 铜件

67. 无裂纹、未熔合、未焊透和有条形缺陷的焊接接头质量评定为（A）。

A. Ⅰ级焊接接头　　　　B. Ⅱ级焊接接头

C. Ⅲ级焊接接头　　　　D. Ⅳ级焊接接头

68. 无裂纹、未熔合以及双面焊和加垫板的单面焊中的未焊透的焊接接头质量评定为（C）。

A. Ⅰ级焊接接头　　　　B. Ⅱ级焊接接头

C. Ⅲ级焊接接头　　　　D. Ⅳ级焊接接头

69. 无裂纹、未熔合和未焊透的焊接接头质量评定为（B）

A. Ⅰ级焊接接头　　　　B. Ⅱ级焊接接头

C. Ⅲ级焊接接头　　　　D. Ⅳ级焊接接头

70. 超声波探伤仪由（D）组成。

A. 高频脉冲发生器和探头两部分

B. 高频脉冲发生器、探头和指示器三部分

C. 高频脉冲发生器、探头和接收放大器三部分

D. 高频脉冲发生器、探头、接收放大器和指示器 4 部分

71. 超声波探伤仪中高频发生器产生的高频电压（D）上，由探头将其电压变成超声波向焊件放射。

A. 作用在探头

B. 作用在接收放大器

C. 作用在探头或接收放大器

D. 同时作用在探头和接收放大器

72. 频率高于（D）kHz 的声波称为超声波。

A. 5　　B. 10　　C. 15　　D. 20

73. 超声探伤只能用于厚度在（C）以上焊件。

A. 2mm　　B. 3mm　　C. 5mm　　D. 8mm

74. 超声探伤采用斜探头时，应首先选择（A）。

A. 探头角度　　B. 频率　　C. 焦距　　D. 晶片尺寸

75. 大厚度焊缝内部缺陷检测效果最好的方法是（C）。

　　A. 磁粉探伤　　B. X射线探伤　　C. 超声波探伤　　D. 渗透探伤

76. 关于磁粉探伤，下面描述不正确的是（C）。

　　A. 与磁力线相垂直的缺陷显现的最清楚

　　B. 与磁力线相平行的缺陷显现的不清楚

　　C. 磁粉探伤有干法和湿法两种，采用湿法检验时使用的磁化电流小于干法检验

　　D. 磁粉探伤应从两个不同的方向进行充磁探测

77. 磁粉探伤适用于检测（B）焊缝表面缺陷。

　　A. 奥氏体钢　　　B. 铁素体钢　　　C. 铜合金　　　D. 铝合金

78. 荧光探伤通常的渗透液主要是（B）。

　　A. 变压器油　　　B. 煤油　　　C. 着色剂　　　D. 染料

79. 常用的渗透检验方法有荧光检验法和（C）。

　　A. 磁粉探伤　　B. 射线探伤　　C. 着色检验法　　D. 超声波探伤

80. 着色探伤的灵敏度取决于（B）的性质。

　　A. 显像剂　　　B. 渗透液　　　C. 助溶剂　　　D. 染色剂

81. 进行渗透检测时，检查试件的缺陷应在（C）进行。

　　A. 施加显示剂前　　　　　　　B. 施加显示剂后立即

　　C. 施加显示剂并经适当时间后　D. 施加显示剂后任何时间

82. 检查奥氏体不锈钢表面微裂纹应选用（B）。

　　A. 磁粉探伤　B. 渗透探伤　C. 超声波探伤　D. 密封性试验

83. 无损探伤不包括（C）。

　　A. 射线探伤　B. 渗透探伤　C. 密封性试验　D. 磁粉探伤

84. 下列合金中能用磁粉探伤检查表面缺陷的是（A）。

　　A. 16MnR　　　B. 1Cr18Ni9　　C. 5A05　　　D. H68

85. 在磁粉探伤过程中，最适合探出表面缺陷的电流类型是（B）。

　　A. 直流电　　　　　　B. 交流电

　　C. 直流电和交流电　　D. 直流电或交流电

86. 焊接接头金相检查的主要内容不包括（D）。

　　A. 检查焊缝的中心、过热区，或淬火区的金相组织

B. 检查焊缝金属树枝状偏析、层状偏析和区域偏析

C. 不同组织特征区域的组织结构

D. 不锈钢焊缝中的化学成分

87. 焊接接头宏观金相检查的主要内容不包括（D）。

A. 宏观检验　B. 断口检验　C. 钻孔检验　D. 淬火硬化检验

88. 无损探伤中的符号 RT 表示（B）。

A. 超声波探伤　B. 射线探伤　C. 磁粉探伤　D. 渗透探伤

89. 无损探伤中的符号 PT 表示（D）。

A. 超声波探伤　B. 射线探伤　C. 磁粉探伤　D. 渗透探伤

90. 无损探伤中的符号 UT 表示（A）。

A. 超声波探伤　B. 射线探伤　C. 磁粉探伤　D. 渗透探伤

91. 无损探伤中的符号 MT 表示（C）。

A. 超声波探伤　B. 射线探伤　C. 磁粉探伤　D. 渗透探伤

92. 下列关于宏观金相试验中宏观检验的相关描述中，不正确的是（D）。

A. 管件金相试样应沿试件的长度方向切取

B. 管接头试样应沿试件纵向切取并通过试件的中心线

C. 试样应包括焊缝金属、热影响区和母材金属

D. 试样磨光浸蚀后需要用显微镜进行观测

93. 微观金相检验时，试样可以从宏观试样上切取，没有达到合格标准的是（C）。

A. 焊缝金属内没有淬硬性马氏体组织

B. 热影响区内没有淬硬性马氏体组织

C. 焊缝金属中仅有显微裂纹

D. 焊缝金属没有过烧组织

94. 测定焊接原材料中扩散氢含量的方法有（A）。

A. 甘油法、水银法　　　　B. 水银法、焙烧-吸收法

C. 焙烧-吸收法、金相测定法　D. 金相测定法、甘油法

95. 利用（C）测试方法可测量焊接材料含水量。

A. 甘油法　B. 水银法　C. 焙烧-吸收法　D. 金相测定法

96. 耐酸不锈钢中铁素体量的测定方法有 (C)。

　　A. 甘油法、水银法　　　　B. 水银法、金相测量法

　　C. 金相测定法、磁性法　 D. 磁性法、甘油法

97. 耐酸钢抗晶间腐蚀倾向的试验方法有 (D)。

　　A. C 法和 T 法两种

　　B. T 法、L 法和 F 法共 3 种

　　C. C 法、T 法、L 法和 F 法共 4 种

　　D. C 法、T 法、L 法、F 法和 X 法共 5 种

98. 焊接容器中用得最多的一种耐压检验的方法是 (A)。

　　A. 水压试验　B. 气压试验　C. 气密性试验　D. 密封性试验

99. 水压试验可以用来检验焊缝的 (A)。

　　A. 致密性和强度　B. 内部气孔　C. 未焊透　D. 夹渣

100. 在受压容器内部充以一定压力的气体, 外部根据部位涂上肥皂水, 如有气泡出现, 说明该处致密性不好, 有泄漏。这种试验方法是 (C)。

　　A. 水压试验　B. 气压试验　C. 气密性试验　D. 密封性试验

101. 在焊缝一侧涂石灰水, 干燥后再于焊缝另一侧涂煤油, 当焊缝有穿透性缺陷时, 煤油即渗过去, 在石灰粉上出现油斑或带条。这种试验方法是 (D)。

　　A. 水压试验　B. 气压试验　C. 气密性试验　D. 密封性试验

102. 焊接容器水压试验的压力一般为容器工作压力的 (C) 倍。

　　A. 1.15　　B. 1.20　　C. 1.25　　D. 1.50

103. 水压试验时当压力达到试验压力后, 根据不同要求, 保持恒压 (C) min。

　　A. 5　　　　B. 10　　　C. 5～30　　D. 30～60

104. 水压试验时, 应装设 (B) 个定期检验合格的压力表。

　　A. 1　　　　B. 2　　　　C. 3　　　　D. 4

105. 下面对水压试验的工艺过程描述不正确的是 (A)。

　　A. 水压试验应在无损检验和热处理前进行

　　B. 水压试验时, 环境温度应高于 5℃

C. 水压试验时，应缓慢升压，使筒体压力趋向于均匀

D. 水压试验时，压力表量程应是试验压力的 1.5～3 倍

106. 下面对气压试验的工艺过程描述不正确的是（A）。

A. 受检容器的主要焊缝检验前需经 80％以上的射线探伤，检查场地四周要有可靠的安全措施

B. 试验时，应先缓慢升压至规定试验压力的 10％，保持10min，然后对所有焊缝进行初步检查

C. 合格后继续升压到规定试验压力的 50％，其后按每级为规定试验压力 10％的级差逐渐升压到试验压力，保持 10～30min，然后再降到设计压力至少保持 30min，同时进行检查

D. 气压试验所用气体应为干燥洁净的空气、氮气或其他惰性气体，气体温度不低于 15℃

107. 煤油试验属于（B）。

A. 渗透探伤　B. 密封性检验　C. 着色探伤　D. 宏观检验

108. 关于水压试验和化学分析两种检验方法，下面描述正确的是（B）。

A. 水压试验属于破坏性试验，化学分析属于非破坏性试验

B. 水压试验属于非破坏性试验，化学分析属于破坏性试验

C. 水压试验属于破坏性试验，化学分析属于破坏性试验

D. 水压试验属于非破坏性试验，化学分析属于非破坏性试验

109. 12Ni3CrMoV、10Ni5CrMoV 属于（C）焊接结构钢。

A. 高强度、高合金　　B. 高合金、低韧性

C. 高韧性、高强度　　D. 高强度、低韧性

110. 异种金属焊接时，根据不同的焊接方法，要合理选择焊接材料，力求（B）两种母材之间的相互冶金反应。

A. 增加　B. 减少　　C. 加快　D. 避免

111. 异种金属焊接时，焊接接头能够保持稳定，不产生（B）等问题。

A. 脱氧、氧化物析出　　B. 脱碳、碳化物析出

C. 脱硫、硫化物析出　　D. 脱磷、磷化物析出

112. 异种金属焊接时，焊材的线膨胀系数应 (D)。

　　A. 与其中母材高的相近　　B. 与其中母材低的相近

　　C. 比母材低或高　　　　　D. 介于两母材之间

113. 两种金属间冶金学上的相容性主要取决于它们之间 (D)。

　　A. 熔点高低　　　B. 冷却速度

　　C. 化学成分　　　D. 是否形成脆性化合物

114. 化学元素之间的相互溶解度取决于溶质元素与溶剂元素的 (D)。

　　A. 晶格的类似和相近性、原子半径和熔点的差别

　　B. 晶格的类似和相近性、熔点和负电性的差别

　　C. 熔点、原子半径和负电性的差别

　　D. 晶格的类似和相近性、原子半径和负电性的差别

115. 1Cr18Ni9 与 Q235 焊接时，采用奥 102 焊条，当母材熔合比为 30%～40%时，焊缝组织为 (A)。

　　A. 奥氏体+马氏体　　B. 奥氏体+铁素体

　　C. 奥氏体　　　　　　D. 马氏体

116. 1Cr18Ni9 与 Q235 焊接时，采用奥 307 焊条，当母材熔合比为 40%时，焊缝组织为 (B)。

　　A. 奥氏体+马氏体　　B. 奥氏体+铁素体

　　C. 奥氏体　　　　　　D. 马氏体

117. 1Cr18Ni9 与 Q235 焊接时，采用奥 407 焊条，当母材熔合比为 30%～40%时，焊缝组织为 (C)。

　　A. 奥氏体+马氏体　　B. 奥氏体+铁素体

　　C. 奥氏体　　　　　　D. 马氏体

118. 焊接强度等级不同的普通低合金异种钢时，焊缝金属及焊接接头的强度应 (D)。

　　A. 小于被焊钢中的强度最低的钢种

　　B. 等于被焊钢中的强度最低的钢种

　　C. 大于被焊钢中的强度最高的钢种

　　D. 大于被焊钢中的强度最低的钢种

119. 焊接强度等级不同的普通低合金异种钢时，焊缝金属及焊接接头的塑性及冲击韧性应（A）。

   A. 不低于相应性能最低的钢种

   B. 不高于相应性能最低的钢种

   C. 等于相应性能最低的钢种

   D. 不低于相应性能最高的钢种

120. 下列关于珠光体钢与奥氏体钢的焊接时的过渡区的描述中不正确的是（D）。

   A. 靠近珠光体钢一侧的过渡层中含铬、镍量远低于焊缝中的平均值

   B. 过渡层的组织由奥氏体＋马氏体和马氏体组成

   C. 过渡层的宽度决定于焊条的类型

   D. 过渡层的韧性较好

121. 下面关于珠光体钢与奥氏体钢的焊接材料选择原则中不正确的是（B）。

   A. 克服珠光体钢对焊缝的稀释作用

   B. 促进熔合区中碳的扩散

   C. 改变焊接接头的应力分布

   D. 提高焊缝金属抗热裂纹的能力

122. 下面关于珠光体钢与奥氏体钢焊接时坡口形式对熔合比的影响表述不正确的是（D）。

   A. 焊接层数越多，熔合比越小

   B. 坡口角度越大，熔合比越小

   C. U形坡口比V形坡口熔合比小

   D. 多层焊时根部焊缝的熔合比最小

123. 下面关于珠光体钢与奥氏体钢焊接时焊接工艺参数选择中不正确的是（C）。

   A. 采用小直径焊条或焊丝　B. 尽量使用小电流

   C. 采用低电压　　　　　　D. 快速焊接

124. 下列关于不锈钢与碳素钢焊接的描述不正确的是（D）。

A. 不锈钢与碳素钢的焊接特点与不锈钢复合板相似

B. 在碳钢一侧若合金元素渗入，会使金属硬度增加，塑性下降，导致裂纹产生

C. 在不锈钢一侧合金元素的扩散会导致焊缝合金成分稀释而降低焊缝金属的塑性和耐蚀性

D. 对于要求较高的不锈钢与碳素钢焊接接头，选择奥107、奥122焊条焊接

125. 铸铁中碳几乎全部以渗碳体形式存在，这种铸铁称为（A）。

A. 白口铸铁　　B. 灰铸铁　C. 球墨铸铁　　D. 可锻铸铁

126. 碳以片状石墨形式存在的铸铁称为（B）。

A. 白口铸铁　　B. 灰铸铁　C. 球墨铸铁　　D. 可锻铸铁

127. 碳以团絮状石墨形式存在的铸铁称为（D）。

A. 白口铸铁　　B. 灰铸铁　C. 球墨铸铁　　D. 可锻铸铁

128. 铸铁牌号HT表示（B）。

A. 白口铸铁　　B. 灰铸铁　C. 球墨铸铁　　D. 可锻铸铁

129. 铸铁牌号HT后面的一组数字表示（A）值。

A. 抗拉强度　　B. 屈服极限　C. 延伸率　　D. 硬度

130. HT200的"200"表示（A）。

A. 抗拉强度不低于200MPa　B. 屈服强度不低于200MPa

C. 延伸率不低于200%　　D. 硬度不低于HBS200

131. 铸铁牌号QT表示（C）。

A. 白口铸铁　　B. 灰铸铁　C. 球墨铸铁　　D. 可锻铸铁

132. 铸铁牌号KT表示（D）。

A. 白口铸铁　　B. 灰铸铁　C. 球墨铸铁　　D. 可锻铸铁

133. 可锻铸铁依据化学成分、热处理工艺、组织和性能的不同可分为（C）。

A. 黑心可锻铸铁、铁素体可锻铸铁和珠光体可锻铸铁

B. 白心可锻铸铁、铁素体可锻铸铁和珠光体可锻铸铁

C. 黑心可锻铸铁、白心可锻铸铁和珠光体可锻铸铁

D. 黑心可锻铸铁、白心可锻铸铁和铁素体可锻铸铁

134. 铸铁牌号 QTM 表示（A）。

A. 抗磨球墨铸铁　　　B. 耐蚀球墨铸铁

C. 耐热球墨铸铁　　　D. 合金球墨铸铁

135. 铸铁牌号 QTR 表示（C）。

A. 抗磨球墨铸铁　　　B. 耐蚀球墨铸铁

C. 耐热球墨铸铁　　　D. 合金球墨铸铁

136. 球墨铸铁牌号用 QT 表示，字母后面的第一组数字表示（A）。

A. 抗拉强度　　B. 屈服极限　　C. 延伸率　　D. 硬度

137. 球墨铸铁牌号用 QT 表示，字母后面的第一组数字表示（C）。

A. 抗拉强度　　B. 屈服极限　　C. 延伸率　　D. 硬度

138. QT500-07 表示（D）。

A. 屈服强度为 500MPa、延伸率为 7% 的球墨铸铁

B. 抗拉强度为 500MPa、断面收缩率为 7% 的球墨铸铁

C. 屈服强度为 500MPa、断面收缩率为 7% 的球墨铸铁

D. 抗拉强度为 500MPa、延伸率为 7% 的球墨铸铁

139. 下面描述防止灰铸铁产生白口铸铁组织的措施中不正确的是（A）。

A. 增加冷却速度，缩短焊缝红热状态时间

B. 改变焊缝的化学成分，依靠焊接材料增加焊缝中石墨化元素含量

C. 采用钎焊补焊

D. 选择镍基、高钒钢等非铸铁焊条

140. 焊接灰铸铁时，最常见的裂纹是（A）。

A. 冷裂纹　　B. 延迟裂纹　　C. 层状裂纹　　D. 热裂纹

141. 焊接灰铸铁时，存在的主要问题是焊接接头容易（A）。

A. 产生白口组织和裂纹　　B. 产生偏析和气孔

C. 耐蚀性降低　　　　　　D. 未熔合和易变形

142. 铸铁冷焊时，焊后锤击焊缝的目的是（B）。

　A. 提高焊缝强度　　　B. 减少焊缝应力

　C. 提高焊缝塑性　　　D. 消除焊缝夹渣

143. 下面关于铸铁与低碳钢的焊接性的描述不正确的是（A）。

　A. 铸铁的熔点比碳钢高300℃左右

　B. 铸铁和低碳钢接头处会出现程度不同的白口组织和淬硬马氏体

　C. 施焊不当会造成焊缝不均匀

　D. 焊接时若横向摆动、收尾焊速过快、弧坑不填满、弧电压高等易产生气孔

144. 下面关于采用气焊铸铁与低碳钢的描述不正确的是（A）。

　A. 必须对低碳钢进行焊前预热，焊接时气焊火焰要偏向铸铁一侧

　B. 焊接时选用铸铁焊丝和焊粉，使焊缝获得灰铸铁组织

　C. 火焰应是中性焰或轻微碳化焰

　D. 焊后可继续加热焊缝或用保温方法缓慢冷却

145. 下面关于采用电弧焊焊接铸铁与低碳钢的描述不正确的是（A）。

　A. 只能用碳钢焊条

　B. 有碳钢焊条时，可先在铸铁件坡口上用镍基焊条堆焊4～5mm隔离层，冷却后再装配点焊

　C. 焊接时每焊30～40mm后，用锤击焊缝，以消除应力

　D. 当焊缝冷却到70～80℃时再继续焊接

146. 下面关于采用钎焊焊接铸铁与低碳钢的优点描述不正确的是（A）。

　A. 熔合区会产生硬度高的白口组织，提高焊缝硬度

　B. 接头能达到铸铁的强度，并具有良好的切削加工性

　C. 焊接时热应力小

　D. 不易产生裂纹

147. 复合钢板焊接接头坡口一般都设置在（A）。

A. 基层上　　　　　　B. 覆层上

C. 覆层与基层的界面处　D. 各处均可

148. 钢与铜及铜合金焊接时的主要困难是在焊缝及熔合区易产生（A）。

A. 裂纹　　B. 缩孔　　C. 气孔　　D. 夹渣

149. 为了保证焊缝具有足够高的抗裂性能，焊缝中铁的质量分数以控制在（B）为宜。

A. 5％～10％　　B. 10％～43％

C. 43％～60％　　D. 60％～80％

150. 焊接铝合金时，易产生的气孔是（D）。

A. 一氧化碳气孔　B. 二氧化碳气孔　C. 氧气孔　D. 氢气孔

151. 铝合金焊接时，常采用垫板来托住熔化金属及其附近的软金属，焊接垫板表面常开一圆弧槽，以保证焊缝背面（C）。

A. 成分均匀　B. 减少气孔　C. 便于成形　D. 去除熔渣

152. 铝及铝合金焊接前，必须仔细清理焊件表面的目的是防止（B）。

A. 冷裂纹　　B. 热裂纹　　C. 气孔　　D. 夹渣

153. 低碳钢与纯铜焊接时采用（B）作为填充金属材料。

A. 镍或镍基合金　B. 纯铜　C. 铝青铜　D. 硅锰青铜

154. 不锈钢与铜焊接时，采用（A）合金作填充金属材料。

A. 镍或镍基合金　B. 纯铜　C. 铝青铜　D. 硅锰青铜

155. 纯铜焊接时，易产生的主要缺陷是（C）。

A. 易变形　　B. 难熔合　　C. 热裂纹　　D. 偏析

156. 焊接黄铜时，为了抑制（D）的蒸发，可选用含硅量高的黄铜或青铜焊丝。

A. 锰　　B. 锡　　C. 锌　　D. 铝

157. 铜与铜合金焊接时，产生的气孔主要是（D）。

A. 一氧化碳气孔　B. 二氧化碳气孔　C. 氧气孔　D. 氢气孔

158. 压力介于 0.1～1.6MPa 之间的压力容器为（A）。

A. 低压容器　B. 中压容器　C. 高压容器　D. 超高压容器

159. 压力介于 1.6～10MPa 之间的压力容器为 (B)。

    A. 低压容器 B. 中压容器 C. 高压容器 D. 超高压容器

160. 高压容器的压力为 (C)。

    A. $0.1MPa \leqslant P < 1.6MPa$ B. $1.6MPa \leqslant P < 10MPa$

    C. $10MPa \leqslant P < 100MPa$ D. $\geqslant 100MPa$

161. 压力容器广泛使用的材料是 (B)。

    A. 低碳钢、普通低合金高强度钢、马氏体不锈钢、铜及合金等

    B. 低碳钢、普通低合金高强度钢、奥氏体不锈钢、铝及合金等

    C. 中碳钢、高合金高强度钢、奥氏体不锈钢、铝及合金等

    D. 中碳钢或高碳钢、普通低合金高强度钢、奥氏体不锈钢、铝及合金等

162. 压力容器广泛采用的材料中以 (B) 最为普遍。

    A. 低碳钢   B. 普通低合金结构钢

    C. 奥氏体不锈钢 D. 铝及其合金

163. 含碳量大于 (D) 的材料不得用于制造压力容器。

    A. 0.10%   B. 0.15%   C. 0.20%   D. 0.24%

164. 低温容器用钢时应以 (C) 形缺口冲击值作为材料的验收标准。

    A. X   B. U   C. V   D. T

165. 对压力容器的要求是 (D)。

    A. 强度、塑性、耐久性和密封性

    B. 强度、刚度、塑性和密封性

    C. 刚度、塑性、耐久性和密封性

    D. 强度、刚度、耐久性和密封性

166. 压力容器中筒体与封头等重要部件应采用 (A) 接头。

    A. 对接   B. 角接   C. 搭接   D. T形

167. 压力容器中管接头与壳体的连接多采用 (B) 接头。

    A. 对接   B. 角接   C. 搭接   D. T形

168. （A）是容器中受力最大的接头。

A. A类接头　B. B类接头　C. C类接头　D. D类接头

169. （B）的工作应力一般为A类的一半。

A. A类接头　B. B类接头　C. C类接头　D. D类接头

170. （D）是接管与容器的交叉焊缝。

A. A类接头　B. B类接头　C. C类接头　D. D类接头

171. 压力容器中圆筒部分的纵向接头（多层包扎容器层板层纵向接头除外）、球形封头与圆筒连接的环向接头、各类凸形封头中的所有拼焊接头以及嵌入式接管与壳体对接连接的接头。这类接头为（A）。

A. A类接头　B. B类接头　C. C类接头　D. D类接头

172. 压力容器中壳体部分的环向接头、锥形封头小端与接管连接的接头、长颈法兰与接管连接的接头等除有特别规定外，属于（B）。

A. A类接头　B. B类接头　C. C类接头　D. D类接头

173. 压力容器中的平盖、管板与圆筒非对接连接的接头，法兰与壳体、接管连接的接头，内封头与圆筒的搭接接头以及多层包扎容器层板层纵向接头。这类接头为（C）。

A. A类接头　B. B类接头　C. C类接头　D. D类接头

174. 压力容器中的接管、人孔、凸缘、补强圈等与壳体连接的接头（已规定为某类的焊接接头外）属于（D）。

A. A类接头　B. B类接头　C. C类接头　D. D类接头

175. 压力容器A类接头要求采用（A）焊缝。

A. 双面焊或全部焊透的单面焊　B. 全部焊透的单面焊或冷焊

C. 冷焊或双面焊　　　　　　　D. 热焊或双面焊

176. （D）受力条件差，且存在较高的应力集中。在厚壁容器中，拘束度大，焊接残余应力大，易产生裂纹缺陷，应采用全焊透的焊接接头。

A. A类接头　B. B类接头　C. C类接头　D. D类接头

177. 第177题图中压力容器焊接接头形式分类中，①表示

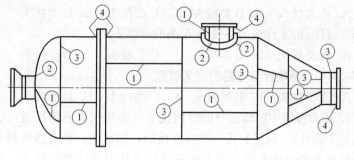

第 177 题图

（A）。

　　A. A 类接头　B. B 类接头　C. C 类接头　D. D 类接头

178. 第 177 题图中压力容器焊接接头形式分类中，②表示（D）。

　　A. A 类接头　B. B 类接头　C. C 类接头　D. D 类接头

179. 第 177 题图中压力容器焊接接头形式分类中，③表示（B）。

　　A. A 类接头　B. B 类接头　C. C 类接头　D. D 类接头

180. 第 177 题图中压力容器焊接接头形式分类中，④表示（C）。

　　A. A 类接头　B. B 类接头　C. C 类接头　D. D 类接头

181. 局部探伤的压力容器，如发现有超标缺陷时，应增加（A）的探伤长度。

　　A. 10％　　B. 20％　　C. 50％　　D. 100％

182. 梁的变形主要是（C）变形。

　　A. 挤压　　B. 剪切　　C. 弯曲　　D. 扭转

183. 工作时承受弯曲的构件称为（C）。

　　A. 杆　　B. 轴　　C. 梁　　D. 柱

184. 工作时承受（B）的构件称为柱。

　　A. 拉伸　　B. 压缩　　C. 扭转　　D. 弯曲

185. 焊接梁和柱时，除了防止产生缺陷外，最重要的工艺措施是防止（C）。

A. 接头强度不够　　B. 接头不耐蚀

C. 焊接变形　　　　D. 刚度不够

186. 焊接残余变形产生的主要原因是焊接过程中产生的焊接应力大于材料的（B）。

A. 抗拉强度　B. 屈服强度　C. 弹性极限　D. 疲劳强度

187. 能矫正焊接残余变形的方法是（A）。

A. 机械矫正　　　B. 高温回火

C. 焊后热处理　　D. 消除应力退火

188. 一定的生产条件下，为完成某一项工作所必须消耗的时间，称为（A）。

A. 工时定额　B. 产量定额　C. 基本时间　C. 作业时间

189. 一定的生产条件下，操作人员在单位内完成的产品数量，称为（B）。

A. 工时定额　B. 产量定额　C. 基本时间　C. 作业时间

190. 对焊接设备电气绝缘性能的检查中，初级绝缘电阻值应大于（D）。

A. 0.5kΩ　　B. 1kΩ　　C. 0.5MΩ　D. 1MΩ

191. 对焊接设备电气绝缘性能的检查中，控制回路电阻值应大于（C）。

A. 0.5kΩ　　　B. 1kΩ　　　C. 0.5MΩ　D. 1MΩ

192. 下面关于对焊机进行负载试验及调试的描述中不正确的是（B）。

A. 按焊机产品说明指导书的范围，对焊机采用大、中、小三种不同焊接参数进行试焊

B. 对采用最大和最小焊接参数的试焊，应同样是焊接过程稳定，但允许焊接质量存在一定差异

C. 对手工电弧焊，主要根据焊接电流大小进行试焊，看其在最大和最小电流条件下焊接过程的稳定性，及其对焊接质量的影响

D. 对电焊机所标明技术性能是否能达到要求、仪表指示精确

度是否正确，进行鉴定

193. 下面关于交流弧焊机调试和验收时外观检查内容的描述中不正确的是（A）。

A. 机壳应有 2mm 以上的接地螺钉，并有接地标志

B. 焊机滚轮应灵活，手柄、吊耳齐全可靠

C. 电流调节机构动作平稳、灵活

D. 铭牌技术数据齐全，漆层光整，黑色金属零件均有保护层

194. 下面关于交流弧焊机调试和验收时绝缘性能检查内容的描述中不正确的是（C）。

A. 主要测量线圈与线圈之间，线圈与地之间的绝缘性

B. 使用仪表为兆欧表，指示量限不低于 500MΩ，开路电压为 500V

C. 在空气相对湿度为 60%～70%、周围环境温度在（20±5）℃条件下，焊机一次线圈的绝缘电阻应不小于 0.5MΩ

D. 二次线圈和电流调节器线圈的绝缘电阻应不小于 0.5MΩ

195. 下面关于手工钨极氩弧焊机的调试和验收时绝缘性能检查内容的描述中不正确的是（D）。

A. 检查与主回路有联系的回路

B. 对机壳之间的绝缘电阻不小于 1MΩ

C. 测量线圈与线圈之间绝缘电阻不低于 0.5MΩ

D. 进行焊接性能检测

196. 下面关于手工钨极氩弧焊机的调试和验收时控制性能试验内容的描述中不正确的是（D）。

A. 具有提前送氩气和滞后切断氩气功能，其时间范围分别不小于 3s 和 2～15s

B. 焊接前及焊接时氩气流量可以调节

C. 电极与焊件间非接触引弧间隙：>40A 时，击穿间隙不小于 3mm；<40A 时，击穿间隙不得小于 1.5mm

D. 采用高频振荡器引弧时，引燃后可用手动切断高频

197. 下面关于手工钨极氩弧焊机的调试和验收时结构系统性能

试验内容的描述中不正确的是（D）。

A. 160A 以下焊炬可采用空冷

B. 160A 以上可采用空冷或水冷

C. 水路系统在 0.3MPa 压力下无漏水现象

D. 保护气路系统应在 0.5MPa 压力下能正常工作

198. 下面关于手工钨极氩弧焊机的调试和验收时安全检查内容的描述中不正确的是（D）。

A. 应有安全可靠的接地装置

B. 控制盒式焊炬的控制电路电压，交流不超过 36V

C. 控制盒式焊炬的控制电路电压，直流不超过 48V

D. 焊枪外壳应与控制电源导通

199. 下面关于半自动 CO_2 气体保护焊机的调试和验收时绝缘性能检查内容的描述中不正确的是（B）。

A. 用 500V 兆欧表测量

B. 初级对地应 0.5MΩ

C. 次级对地应 0.5MΩ

D. 控制电路、焊接回路对焊枪外壳应大于 0.5MΩ

200. 下面关于半自动 CO_2 气体保护焊机的调试和验收时安全检查内容的描述中不正确的是（D）。

A. 焊枪外壳应与控制电源、焊接电源绝缘；焊机应有安全可靠的接地装置

B. 焊机电源回路与焊接操作回路应无电路联系

C. 供电回路及高压带电部分应有防护装置

D. 易与人体接触的控制电路，工频交流不超过 48V、直流不超过 36V

201. 焊接过程中对焊工危害较大的电压是（B）。

A. 工作电压　B. 空载电压　C. 电弧电压　D. 短路电压

202. 焊接设备的机壳必须有良好的接地是为了（A）。

A. 防止设备漏电，造成触电事故　B. 节约用电

C. 防止设备过热　　　　　　　　D. 提供稳定的焊接电流

203. 气瓶阀被冻结时，解冻的方法是（C）。

A. 使用火烤　　　　　　　　B. 使用电吹风

C. 使用40℃以下的温水冲浇　　D. 使用热油

204. 发现焊工触电时，应立即（C）。

A. 将人推开　　B. 剪断电缆　　C. 切断电源　　D. 报告领导

205. 为了防止触电，焊接时应该（A）。

A. 焊机机壳接地　　　　　　B. 焊件接地

C. 焊机和焊件同时接地　　　D. 焊件接零

206. 焊、割炬所用氧气胶管应能承受的压力是不小于（A）。

A. 0.5MPa　　B. 1MPa　　C. 1.5MPa　　D. 25MPa

207. 焊、割炬所用乙炔胶管应能承受的压力是不小于（D）。

A. 0.5MPa　　B. 1MPa　　C. 1.5MPa　　D. 25MPa

208. 下面不属于易燃易爆气体的是（C）。

A. 乙炔　　B. 氢气　　C. 氩气　　D. 丙烷

209. 为防止火灾，施焊处离可燃物品的距离不小于（D）。并有防火材料遮挡。

A. 2m　　B. 3m　　C. 5m　　D. 10m

210. 氧气瓶距离乙炔气瓶应大于（A）。

A. 5m　　B. 10m　　C. 15m　　D. 20m

211. 乙炔气瓶与明火、火花点等的水平距离不得小于（B）。

A. 5m　　B. 10m　　C. 15m　　D. 20m

212. 若发生电石火灾时，不应采用（C）进行灭火。

A. 干砂土　　B. 二氧化碳灭火器　　C. 水　　D. 干粉灭火器

213. 焊接切割过程中若发生回火时，应采取的措施是（A）。

A. 先关闭焊、割炬乙炔阀，然后关闭氧气阀

B. 先关闭焊、割炬氧气阀，然后关闭乙炔阀

C. 将焊、割炬放入水中

D. 关闭氧气瓶阀

214. 易燃、易爆容器焊前进行置换作业用的气体是（C）。

A. 氧气和氮气　　　　　　B. 氢气和氮气

C. 二氧化碳气和氮气　D. 一氧化碳气和氢气

215. 红外线对人体的危害主要是（C）。

　　A. 皮炎　　　　　B. 电光性眼炎　C. 青光眼　　　D. 白内障

216. 强烈的可见光对焊工眼睛的危害主要是（C）。

　　A. 电光电眼炎　　B. 白内障　　　C. 眼睛疼痛　D. 近视

217. 下列气体中对焊工没有毒害的气体是（C）。

　　A. 一氧化碳　　　B. 臭氧　　　　C. 二氧化碳　D. 氮氧化物

218. 焊接过程中产生的烟尘对焊工的危害是（A）。

　　A. 尘肺和锰中毒　B. 高血压　　C. 咽火　　　D. 胃痉挛

219. （C）气体会严重危害焊工健康。

　　A. CO_2　　　　　B. N_2　　　　　C. HF　　　　D. O_2

220. （A）可产生对焊工身体有害的高频电磁场。

　　A. 钨极氩弧焊　B. 埋弧自动焊　C. 手弧焊　　D. 碳弧气刨

3.2　判断题

1. 铸铁焊条中的纯铁及碳钢焊条根据焊芯的化学成分分类。（√）

2. 铸铁焊丝的型号是根据焊丝本身的化学成分及用途来划分的。（√）

3. 铸铁焊条型号中"EZ"后的用熔敷金属主要化学元素或熔敷金属类型代号表示。（√）

4. CJ301 为铝气焊溶剂。（×）

5. 型号为 EZCQ 的焊条为灰铸铁焊条。（×）

6. 焊接黄铜时，由于黄铜中的锌容易蒸发，可在焊丝中加入硅，以弥补锌蒸发带来的损失。（√）

7. 铜及铜合金在惰性气体保护焊或气焊时，一般应选用相同成分的焊丝。（√）

8. 若某种型号铝合金板没有现成可选择的焊丝，可以采用木材料板材切成条作焊材。（√）

9. 根据焊件材料的化学成分或焊接接头热影响区的最高硬度，进行材料冷裂纹的评定方法，称间接评定法。（√）

10. 碳当量数值越高，表示该种材料的焊接性越好。（×）

11. 碳当量是材料热裂纹的间接评定法，而不是冷裂纹的间接评定法。（×）

12. 碳当量值愈高，钢材淬硬性倾向愈大，冷裂敏感性也愈大。（√）

13. 将钢中合金元素（包括碳）的含量按其作用换算成碳的相当含量，称这种材料的碳当量。（√）

14. 利用碳当量只能在一定范围内，对钢材概括地、相对地评价其冷裂敏感性。（√）

15. 在刚性和扩散氢含量相同的情况下，主要是碳当量而不是钢材的组织确定冷裂敏感性。（×）

16. 热影响区最高硬度法只考虑了组织因素，并涉及氢和应力，可以判断实际焊接产品的冷裂倾向。（×）

17. 钢的裂纹敏感指数（P_{cM}）值越低，热影响区的冷裂纹敏感性越高。（×）

18. 冷裂纹的自拘束试验属于焊接性试验方法中的直接试验方法。（√）

19. 用 Y 形坡口焊接裂纹试验方法焊后的工件应在 6h 内进行检查，以避免产生延迟裂纹。（×）

20. 冷裂纹的外拘束试验。属于焊接性试验方法中的间接评定方法。（×）

21. 拉伸拘束裂纹试验（TRC）方法主要用于评定氢致延迟裂纹中的焊根裂纹。（×）

22. 刚性拘束裂纹试验（RRC）方法既可以用来研究延迟裂纹，还可以研究焊接接头冷却过程中产生的各种裂纹现象。（√）

23. 焊接再热裂纹试验方法分为间接评定法和直接试验法两类。（√）

24. 常温拉伸试验的合格标准为：焊接接头的抗拉强度不低于母

材抗拉强度规定值的下限，异种钢焊接接头抗拉强度不低于规定值下限较低一侧母材的抗拉强度。（√）

25. 高温拉伸试验的合格标准为：焊接接头抗拉强度和屈服点不低于试验温度下母材规定值的上限。（×）

26. 全焊缝金属拉伸试验抗拉强度合格标准为焊缝金属的抗拉强度不低于母材规定值的下限。（√）

27. 全焊缝金属拉伸试验伸长率合格标准为焊缝金属的伸长率不小于母材规定值的60%。（×）

28. 常温拉伸试验的合格标准是焊接接头的抗拉强度不低于母材抗拉强度规定值的下限。（√）

29. 弯曲试样中，试样弯曲后，其正面成为弯曲后的拉伸面的称为背弯。（×）

30. 标准的冲击试样的缺口有V形、U形、X形和T形等形式。（×）

31. 为了充分反映焊件上如裂纹等尖锐缺陷的特征，焊缝的冲击试样多采用U形缺口。（×）

32. 常温冲击试样应从样坯上含最后焊层的焊缝中切取，试样的上表面离母材1～2mm。（√）

33. 焊缝金属试样的缺口轴线应当平行于焊缝表面。（×）

34. 熔合区和热影响区的缺口轴线可垂直于焊缝表面，或平行于焊缝表面。（√）

35. 焊接接头的硬度试验应在其横截面上进行测定，硬度试验时，如果在测点出现焊接缺陷时，试验结果无效。（√）

36. 压扁试验的合格标准是将管子接外壁压至规定的两压板距离时，试样拉伸部位的裂纹长度不超过3mm。（√）

37. 除非另有规定，射线照相应在制造完工后进行。对有延迟裂纹倾向的材料，《金属熔化焊焊接接头射线照相》GB/T 3323—2005规定至少应在焊后24h以后进行射线照相检测。（√）

38. 射线探伤的相关标准中，把焊缝质量分成4个等级，其中Ⅰ级焊缝的质量最低。（×）

39.《金属熔化焊焊接接头射线照相》GB/T 3323—2005 规定了 x 射线和 γ 射线照相的基本方法。（√）

40.《金属熔化焊焊接接头射线照相》GB/T 3323—2005 适用于金属材料板和管的熔化焊焊接接头。（√）

41. Ⅰ级焊缝内无裂纹、未熔合、未焊透等缺陷，条状夹渣的量应在一定程度内。（×）

42. Ⅱ级焊缝内无裂纹、未熔合、未焊透等缺陷。（√）

43. 焊接接头中缺陷超过Ⅲ级即为Ⅳ级焊接接头。（√）

44. 超声波探伤适合检查气孔、夹渣等缺陷。（√）

45. 超声波探伤和射线探伤相比，探伤周期短，成本低，设备简单，对人体无害。（√）

46. 超声波探伤和射线探伤，超声探伤适用于厚焊件。（√）

47. 超声波检验对于缺陷有直观性。（×）

48. 射线探伤和超声波探伤相比，判别缺陷类别的能力差。（×）

49. 超声波探伤时探头在焊缝两侧作有规则的移动，以保证焊缝截面和焊缝长度上全部探到。（√）

50. 超声波检验焊缝内部的裂纹比射线检验的灵敏度高。（√）

51. γ 射线探伤和 x 射线探伤相比，γ 射线比 x 射线能量高，具有更大的辐射穿透力。（√）

52. 当被透视焊件的厚度大于 50mm，应采用 x 射线探伤。（×）

53. 射线探伤比超声波探伤用途广泛的原因是射线探伤能检测较厚的工件。（×）

54. 射线探伤可以检测出缺陷在焊缝内部的位置、形状和大小。（√）

55. 当被透视焊件的厚度小于 20mm 时，应采用 γ 射线探伤。（×）

56. 射线探伤和超声波探伤适用于焊缝外部缺陷的检测。（×）

57. 超声波探伤采用斜探头时，首先选择探头的角度，探头角度有 30°、40°、50°三种，选择时，将斜探头紧贴于焊缝垂直位置，以声速中心刚好穿过钢板厚度的 1/2 处最为适宜。（√）

58. 超声波探伤时，应使探头在焊缝的其中一侧沿焊缝的全长移动探测。（×）

59. 磁粉探伤时，缺陷的显露与磁力线的相对位置有关，与磁力线平行的缺陷显现清楚，与磁力线垂直的缺陷，隐藏不显。（×）

60. 磁粉探伤有干法和湿法两种，在被测工件不允许采用湿法与水或油接触时，如温度较高的试件，则只能采用干法。干法比湿法的灵敏度高。（×）

61. 磁粉探伤时，缺陷的显露和缺陷与磁力线的相对位置有关。（√）

62. 磁粉探伤适用于检测铁素体钢焊缝的表面缺陷。（√）

63. 磁粉探伤两磁极间的距离宜在 80～200mm 之间。（√）

64. 奥氏体钢焊缝的表面缺陷可用磁粉探伤有效检测。（×）

65. 渗透探伤中有荧光探伤和着色探伤，荧光探伤的灵敏度比着色探伤高，对于微小裂纹应采用荧光探伤。（×）

66. 对于不同检测条件和对象，渗透探伤应选用不同的渗透剂。（√）

67. 着色探伤是利用荧光物质受紫外线的照射发出荧光来检测缺陷的。（×）

68. 着色探伤可以检查各种黑色金属、有色金属、非金属及零件的表面缺陷。（√）

69. 磁粉探伤不适用于铝、铜、奥氏体钢、非金属等材料的检验。（√）

70. 一般焊缝表面的缺陷均可采用渗透探伤的方法进行检测。（√）

71. 焊接接头金相检查可检查异类接头熔合线两侧组织和性能的变化。（√）

72. 奥氏体不锈钢焊缝可采用射线、磁粉、着色等探伤方法进行检测。（×）

73. 宏观管件金相试样一般沿试件的圆周方向切取。（×）

74. 宏观断口检验不需要特殊仪器，有金相显微镜即可。（×）

75. 宏观钻口检验是对焊缝进行局部钻孔，可检查焊缝内部的气孔、裂纹、夹杂等缺陷。（√）

76. 对接焊缝的试件需要做弯曲试验，其目的是检测焊接接头的塑性。（√）

77. 硬度试验是为了测定焊接接头各个部分的硬度，以便了解焊缝区的塑性。（×）

78. 微观试样可从宏观试样上切取，其合格标准是：焊缝金属和热影响区不得有淬硬性马氏体组织，不得有裂纹和过烧组织。（√）

79. 对焊缝的化学分析就是检查焊缝金属的组织和性能。（×）

80. 焊缝含氢量的测定是评定焊接方法或焊接材料质量优劣的一个重要手段。（√）

81. 测定焊接原材料中扩散氢的含量，对于控制延迟裂纹等焊接缺陷具有重要作用。（√）

82. 控制焊接材料（焊条药皮、焊剂）的含水量可达到控制熔敷金属中扩散氢含量的目的。（√）

83. 焊缝金属扩散氢含量测定方法有甘油法、水银法、磁性法和金相测定法等多种方法。（×）

84. 测定焊接材料含水量是利用焙烧-吸收测试方法。（√）

85. 耐酸不锈钢中含有一定铁素体，可提高焊缝金属的抗裂性和抗晶间腐蚀的性能。（√）

86. 金相法可测量耐酸不锈钢中铁素体量，金相法是一种非破坏性试验方法。（×）

87. 磁性法是根据焊缝磁导率的变化来测量耐酸不锈钢中铁素体量。（√）

88. 晶间腐蚀是耐酸不锈钢工作时产生破坏的主要形式之一。（√）

89. 焊接容器水压试验的压力一般为容器工作压力的 1.25 倍。（√）

154

90. 水压试验是容器质量检验的最后程序，应在无损检验和热处理后进行。（×）

91. 水压试验的环境温度应高于5℃，温度过低易使材料发生脆断。（√）

92. 水压试验应安装2只压力表，压力表的量程应是试验压力的1.5～3倍。（√）

93. 水压试验用于焊接容器和管道的致密性及强度试验。（√）

94. 容器或管道的耐压试验及气密性试验应在总体检验合格后进行。（√）

95. 水压试验只能用来检查泄漏。（×）

96. 气压试验具有较大的危险性，除设计图纸规定要用气压试验代替水压试验外，不得采用气压试验。（√）

97. 气压试验的受检容器的主要焊缝应经100％射线探伤。（√）

98. 水压试验和气压试验均属于破坏性试验。（×）

99. 水压试验时，当压力达到试验压力后，要保持恒压一定时间。（√）

100. 气密性试验中的氨气检查适用于温度较高情况下检查焊缝的致密性。（×）

101. 气压试验的气体温度不得高于15℃。（×）

102. 设备及管道的焊后热处理应在强度试验及严密性试验前进行。（√）

103. 高压容器和超高压容器采取了安全措施后，方可采用气压试验。（×）

104. 异种金属焊接能否达到要求，取决于被焊金属的物理-化学性能、采用的焊接方法和焊接工艺。（√）

105. 两种金属间冶金学上的相容性主要取决于它们之间是否形成脆性化合物。（√）

106. 液态下互不相溶的两种金属或合金可用熔焊方法直接焊接。（×）

107. 具有有限固溶体的异种金属之间不可能形成优质的焊缝。

（×）

108. 具有有限固溶体的异种金属的焊接性取决于焊缝金属初次结晶时晶区偏析程度及随后的晶体结构变化和相变。（√）

109. 异种金属焊接时产生的热应力，可以通过焊后热处理的方法予以消除。（×）

110. 异种金属焊接时，熔合比发生变化，则焊缝的成分和组织都要随之发生相应的变化。（√）

111. CO_2 气体保护焊，当焊枪导电嘴间隙过大时，焊机可出现焊接电流小的故障。（√）

112. 当两种金属的线胀系数相差很大时，在焊接过程中会产生很大的组织应力。（×）

113. 珠光体与奥氏体钢焊接时，在紧靠珠光体一侧熔合线的焊缝金属中，会形成和焊缝金属内部成分不同的过渡层，其组织为马氏体和马氏体＋奥氏体。（√）

114. 珠光体与奥氏体钢焊接时，在紧靠珠光体一侧过渡层宽度主要取决于焊后的冷却速度，与所用焊条的类型关系不大。（×）

115. 珠光体与奥氏体钢焊接时，如工作条件要求焊接接头的低温冲击韧性较高时，应选用含镍、铬量较低的焊条。（×）

116. 珠光体与奥氏体钢焊接后，必须对焊接接头处进行热处理，以进一步消除焊接接头缺陷，改善性能。（×）

117. 珠光体与奥氏体焊接时，奥氏体钢中的铬、镍含量越高，则过渡层的宽度越宽。（×）

118. 珠光体与奥氏体焊接时，在熔合区的珠光体母材上会形成脱碳区。（√）

119. 珠光体与奥氏体焊接时，熔合比越大越好。（×）

120. 珠光体与奥氏体钢焊接时应采用小直径焊条或焊丝，使用小电流、高电压和快速焊接。（√）

121. 对 1Cr18Ni9Nb 钢的焊接工艺评定时，必须对焊缝进行晶间腐蚀试验。（√）

122. 短段多层焊适用于焊接过热倾向大而又容易淬硬的金属。（√）

123. 异种金属焊接时，预热温度主要根据母材的变形量来确定。（×）

124. 焊缝尺寸不符合要求、咬边、弧坑、表面气孔、内部裂纹属于表面缺陷。（×）

125. 焊接区域保护不好，大量空气侵入焊接区将产生一氧化碳气孔。（×）

126. 不锈钢产生晶间腐蚀的加热温度区是在 450～850℃ 之间，这个温度区间就称为产生晶间腐蚀的"危险温度区"，其中以 650℃ 最为危险。（√）

127. 冶金学的相容性对异种金属的焊接性起决定性作用。（√）

128. 焊接强度等级不同的普通低合金异种钢时，应按照其中焊接性较好的材料选用预热温度。（×）

129. 奥氏体不锈钢与珠光体钢焊接时的焊接接头中会产生较大的热应力，其原因是线膨胀系数与导热系数的差异较大。（√）

130. 珠光体钢与奥氏体钢焊接时，在熔合区易产生碳迁移，从而在不同的界面产生增碳与脱碳，致使两侧性能相差悬殊，产生应力集中，降低高温持久强度和塑性。（√）

131. 珠光体钢与奥氏体钢焊接时，会产生较大的热应力。（√）

132. 珠光体钢与奥氏体钢焊接——应选用熔合比大、稀释率高的焊接方法。（×）

133. 珠光体钢与奥氏体钢焊接时，优先选用含镍量较高，能起到稳定奥氏体组织作用的焊接材料。（√）

134. 珠光体钢与奥氏体钢焊接时，为改变焊接接头的应力分布，应选用与线胀系数接近于珠光体钢的镍基合金材料，以降低焊接头的应力。（√）

135. 降低熔合比，减小扩散层是珠光体钢与奥氏体钢的焊接时的特殊工艺要求。（√）

136. 坡口的作用是保证电弧能深入焊缝根部，使根部焊透，便于清除熔渣，获得较好的成型。而且，坡口能起到调节基本金属与填充金属比例的作用。（√）

137. 珠光体钢与奥氏体钢焊接时，焊接过渡层应含有比母材更多的强碳化物形成元素。（√）

138. 不锈钢与碳钢焊接时，在不锈钢一侧，因焊缝合金成分的稀释而降低焊缝金属的塑性和耐蚀性。（√）

139. 不锈钢与碳钢焊接时，在碳钢一侧，因合金的扩散、渗入，硬度提高、塑性下降，易生产裂纹。（√）

140. 铸铁与低碳钢焊接困难的原因之一是由于两者的熔点不同，熔化与结晶温度不同形成的缺陷。（√）

141. 碳在铸铁中存在的形式，可以是化合状态的渗碳体，也可以是自由状态的石墨。（√）

142. 可锻铸铁是可以进行锻造加工的铸铁。（×）

143. 热焊法焊接灰铸铁可有效地防止裂纹和白口组织的产生。（√）

144. 球墨铸铁的白口倾向比灰铸铁大。（√）

145. 球墨铸铁产生白口铸铁组织的倾向比灰铸铁大。（√）

146. 铸铁件存在裂纹缺陷时，为了防止焊补过程中裂纹扩展，应在裂纹端部钻止裂孔。（√）

147. 灰铸铁焊接时，增大热输入，可有效防止裂纹的产生。（×）

148. 焊前预热和焊后保温、缓冷，是焊接灰铸铁时防止裂纹和白口组织的主要措施之一。（√）

149. 用镍基合金焊条进行铸铁电弧冷焊时，不会产生热裂纹。（×）

150. 铸铁与低碳钢焊接采用气焊时，必须对低碳钢进行焊前预热，焊接时气焊火焰要偏向铸铁一侧。（×）

151. 铸铁与低碳钢采用钎焊进行焊接时，应用氧-乙炔火焰加热，用黄铜线作钎料。（√）

152. 铸铁与低碳钢焊接采用气弧焊时，只能用铸铁焊条进行焊接。（×）

153. 铝及铝合金在高温时强度很低，熔化的液态金属流动性强，在焊接时金属往往容易下塌，为保证焊透而又不致烧穿或塌陷，常采用垫板来托住熔化金属及其附近的软化金属。（√）

154. 钢和铜在高温时的晶格类型都是面心立方晶格。（√）

155. 钢与铜及铜合金焊接时的主要问题是在焊缝及熔合区产生夹渣。（×）

156. 钢与铜及其合金焊接时，热影响区形成的裂纹称为渗透裂纹，它不属于冷裂纹。（√）

157. 青铜的收缩率较大，焊接应力较大，刚度较大的焊件焊后容易产生开裂。（√）

158. 牌号 HSn62-1 表示锡青铜。（×）

159. 铜及其铜合金具有热导率高和熔化后液态流动好的特性，因此常采用对接接头。（×）

160. 大多数熔焊方法均可以用于钢与铜及铜合金的焊接。（√）

161. 对于厚度超过 10mm 的厚大铝件，为了防止产生变形、热裂纹、未焊透、气孔等缺陷，焊前应预热，一般将工件缓慢加热到 100～300℃。（√）

162. 铝及铝合金焊接接头的坡口加工应采用等离子切割法。（×）

163. 铝及铝合金焊接时会产生较大应力，焊缝中易产生热裂纹。（√）

164. 焊接黄铜时，由于锌蒸发的问题，应注意通风。（√）

165. 钢与铜焊接时，应将电弧移至钢的一侧。（×）

166. 不锈钢与铜及铜合金的焊接，纯镍是好的填充材料。（√）

167. 铜及铜合金焊接时产生的气孔主要是氮气孔。（×）

168. 压力容器筒体组装焊接时，不应采用十字焊缝。（√）

169. 根据压力容器设计压力的大小，容器分为低压容器、中压容器、高压容器和超高压压容器。（√）

170. 按容器压力、介质危害程度及生产过程中的主要作用，压力容器分为低压容器、中压容器、高压容器和超高压容器。（×）

171.《压力容器 第1部分：通用要求》GB 150.1—2011中根据该接头所连接两元件的结构类型以及应力水平，把接头分成A、B、C、D四类。（√）

172. 压力容器的筒体与封头等重要部件的连接均采用对接接头。（√）

173. 压力容器的管接头与壳体等连接多采用搭接接头。（×）

174. 按照容器压力、介质危害程度及在生产过程中的主要作用，可分为一类容器、二类容器和三类容器，其中一类压力容器制造要求最高。（×）

175. 压力容器上的各类焊缝均应采用双面焊或采用保证全焊透的单面焊缝。（×）

176. 焊接容器进行水压试验时，同时具有降低焊接应力的作用。（√）

177. 减少梁变形的方法需要考虑的因素包括减小焊缝尺寸、确定正确的焊接方向、正确的装配顺序和正确的焊接顺序等。（√）

178. 刚性是指构件在外力作用下保持原有形状的能力。（√）

179. 刚性固定法可以有效减少焊接变形。（√）

180. 热应变时效脆化主要发生在固溶量含量较高的低碳钢和强度级别不高的低合金钢。（√）

181. 焊接变形和焊接应力都是由于焊接是局部的不均匀加热引起的。（√）

182. 焊接过程中为了减少焊接残余应力，采用多层焊，并且每层焊道都要锤击。（×）

183. 梁焊后的残余变形主要是扭曲变形，当焊接方向不正确时也可能产生弯曲变形。（×）

184. 防止梁的角变形和弯曲变形可以采取反变形法。（√）

185. 为了保证梁的承载强度，梁的焊缝尺寸越大越有利。（×）

186. 刚性固定法是采用强制的手段来减小焊后的变形，在焊接薄板时多用这种方法。（√）

187. 手工钨极氩弧焊机采用水冷系统时，当水压低于规定值时，应能可靠切断主回路，中止焊接，并触发出指示信号。（√）

188. 钨极氩弧焊焊接铝合金时一般采用直流电源。（×）

189. 对钨极氩弧焊机测试时，主要对提前送气引弧、断电滞后停气及脉冲参数进行调节测试。（√）

190. 测试电弧稳定性时，尤其应在大电流段查看。（√）

191. 氩弧焊焊接铝合金时，熄弧后不要立即关闭氩气，保护气体维持5～10s，待钨极呈暗红色后再关闭，以防止母材与钨极在高温时被氧化。（√）

192. CO_2 气体保护焊时，为了减少飞溅，保证电弧稳定，应采用直流反接。（√）

193. 焊接施工前，必须进行场地、设备、卡具安全检查。（√）

194. 焊工操作水平的考核属于焊前检验的一个重要项目。（√）

195. 焊缝中产生夹渣缺陷的原因是施焊前没有认真清理焊件及环境，一般与操作者的技术水平无关。（×）

196. 制定工时定额时必须考虑到生产类型和具体的技术条件。（√）

197. 采取热处理方法控制复杂结构件的焊接变形，是通过消除其焊接应力来达到目的的。（√）

198. 在一定焊接工艺条件下，一定的金属形成焊接缺陷的敏感性称为焊接性的使用性能。（×）

199. 选用热源能量比较集中的焊接方法，有利于控制复杂构件的焊接变形。（√）

200. 用拟定的焊接工艺，按标准的规定来焊接试件，检验试样，测定焊接接头性能是否满足设计要求，从而对所拟定的工艺进行评定的过程称为焊接工艺评定。（√）

3.3 计算题

1. 已知某种钢中，含 $w(c)$：0.15%、$w(Mn)$：0.6%、$w(Cr)$：1.2%、$w(Mo)$：0.3%、$w(V)$：0.3%，求该种钢的碳当量。

解：由国际焊接学会推荐的碳当量计算公式 $C_E = C + \dfrac{Mn}{6} + \dfrac{Ni+Cu}{15} + \dfrac{Cr+Mo+V}{5}(\%)$

得：$C_E = \left(0.15 + \dfrac{0.6}{6} + \dfrac{1.2+0.3+0.3}{5}\right)(\%) = 0.61\%$

答：该种钢的碳当量为 0.61%。

2. 已知某种钢中的化学成分为 $W(C)$：0.11%；$W(Mn)$：2.06%；$W(Si)$：0.24%；$W(Mo)$：0.31%；$W(V)$：0.76%；$W(Ni)$：0.026%；$W(S)$：0.030%；$W(P)$：0.030%；试求其碳当量。

解：由国际焊接学会推荐的碳当量计算公式 $C_E = C + \dfrac{Mn}{6} + \dfrac{Ni+Cu}{15} + \dfrac{Cr+Mo+V}{5}(\%)$

得：$C_E = \left(0.11 + \dfrac{2.06}{6} + \dfrac{0.26}{15} + \dfrac{0.31+0.76}{5}\right)(\%) = 0.68\%$

答：该种钢的碳当量为 0.68%。

3. 斜 Y 形坡口焊接裂纹试验时，表面裂纹长度分别为 16mm、12mm、25mm，已知试验焊缝长度为 90mm，求焊缝的表面裂纹率。

解：由公式：表面裂纹率 $= \dfrac{\sum l}{L} \times \%$

得：表面裂纹率 $= \dfrac{16+12+25}{90} \times 100\% = 58.59\%$

答：表面裂纹率为 58.59%。

4. 外径 133mm、壁厚 3mm 的普通碳素结构钢管焊接接头做压

162

扁试验时，两板间的距离应取多大？（单位伸长的变形系数 e 取 0.08）

解：由公式 $s=\dfrac{(1+e)\delta}{e+\dfrac{\delta}{D}}$

得：$s=\dfrac{(1+e)\delta}{e+\dfrac{\delta}{D}}=\dfrac{(1+0.08)\times 3}{0.08+\dfrac{3}{133}}=31.59\text{mm}$

答：两板间距离应取 31.59mm。

5. 两块板厚分别为 $t_1=10\text{mm}$ 和 $t_2=15\text{mm}$，宽 L 为 600mm 的钢板对接在一起，两端受 $F=400\text{kN}$ 的拉力，材料为 Q235-A 钢，焊缝的许用应力 $[\sigma]=142\text{MPa}$，试校核其焊缝强度。

解：焊缝断面面积 $S=10\times 600=6000\text{mm}^2$

焊缝横断面承受的应力为 $\sigma=\dfrac{F}{S}=\dfrac{400\times 10^3}{6000}=66.7\text{N/mm}^2=66.7\text{MPa}$

$\sigma<[\sigma]$

答：该对接接头焊缝强度满足要求。

6. 两块钢板对接在一起，焊缝的长度（钢板宽度）L 为 30mm，两端受 $Q=29300\text{N}$ 的切力，材料为 Q235-A 钢，$[\tau]=98\text{MPa}$，试计算钢板的板厚为多少时才能满足强度要求。

解：由 $\tau=\dfrac{Q}{S}\leqslant[\tau]$

得：$S\geqslant\dfrac{Q}{[\tau]}=\dfrac{29300}{98}=298.98\text{mm}^2$

$t=\dfrac{298.98}{30}=9.97\text{mm}$

所以应取 10mm

答：当钢板的板厚为 10mm 时能满足强度要求。

7. 已知某产品焊缝截面积 2.4cm²，焊缝全长 60m，采用 E5015/φ4 焊条焊接，问需要多少公斤焊条？（γ—熔敷金属密度为 7.85kg/cm³，损失系数 $K=0.4$）

解：需要焊条重量 $Q=\dfrac{F\times L\times \gamma}{1-k}=\dfrac{2.4\times 6000\times 7.85}{1-0.4}=188400\text{g}$

=188.4kg

答：需焊条 188.4kg。

8. 通过人体的电流超过 10mA 时，就会有触电危险，已知某人最小电阻为 1200Ω，试求此时安全工作的电压应是多少？

解：根据欧姆定律 $I = \dfrac{U}{R}$ 可知：

$U = IR = 0.01 \times 1200 = 12V$

答：此时安全工作电压应为 12V。

3.4 简答题

1. 什么是碳当量？并写出国际焊接学会推荐的碳当量计算公式。

答：将钢中合金元素（包括碳）的含量按其作用换算成碳的相当含量，称为该种材料的碳当量。常以符号 C_E 表示。

国际焊接学会推荐的碳当量计算公式为：

$$C_E = C + \frac{Mn}{6} + \frac{Ni + Cu}{15} + \frac{Cr + Mo + V}{5} (\%)$$

2. 简述碳当量与材料焊接性的关系及利用碳当量值评价钢材焊接性有何局限性？

答：焊接热影响区的淬硬性及冷裂倾向性与化学成分直接有关，所以可以用化学成分来估计冷裂敏感性的大小，在各种元素中，碳对淬硬及冷裂影响明显，将各种元素的作用按照相当若干含碳量的作用折合并叠加起来即为碳当量，碳当量愈高，钢材的淬硬性倾向愈大，冷裂敏感性也愈大，当碳当量为 0.45%～0.55% 时就容易产生冷裂纹。

碳当量值只能在一定范围内，对钢材概括地、相对地评价其焊接性，这是因为：

（1）碳当量公式是在某种试验情况下得到的，所以对钢材的适用范围有限。

（2）如果两种钢材的碳当量值相等，但是含碳量不等，含碳量较高的钢材在施焊过程中容易产生淬硬组织，其裂纹倾向显然比含碳量较低的钢材来得大，焊接性较差。因此，不能认为钢材的碳当量值相等时，焊接性就完全相同。

（3）碳当量计算值只表达了化学成分对焊接性的影响，没有考虑到冷却速度不同，可以得到不同的组织，冷却速度快时，容易产生淬硬组织，焊接性就会变差。

（4）影响焊缝金属组织从而影响焊接性的因素，除了化学成分和冷却速度外，还有焊接循环中的最高加热温度和在高温停留时间等参数，在碳当量值计算公式中均没有表示出来。

因此，碳当量值的计算公式只能在一定的钢种范围内，概括地、相对地评价钢材的焊接性，不能作为准确的评定指标。

3. 什么是焊接性，试述影响焊接性的因素？

答：焊接性是金属材料是否适应焊接加工而形成完整的，具有一定使用性能的焊接接头的特性。焊接性要求金属在进行焊接加工时不容易产生缺陷，焊接接头在一定使用条件下满足性能要求。

焊接性是金属材料对焊接的适应能力，影响焊接性的因素包括材料因素、工艺因素、结构因素和使用条件。

材料因素包括母材本身和使用的焊接材料，如焊条、焊丝、焊剂及保护气体等。工艺因素包括焊接方法和工艺；结构因素主要是指焊接结构形状、尺寸、厚度及坡口形貌和焊缝布置等；使用条件指工件的工作温度、负载条件和工作介质等。

4. 简述焊接性试验的内容和方法。

答：依据材料的性能和使用要求，评定焊接性试验方法有多种，主要包括以下几方面内容：

（1）检验焊缝金属抵抗产生热裂纹的能力；

（2）检验焊缝和热影响区金属抵抗产生冷裂纹的能力；

（3）检验焊接接头抵抗脆性转变的能力；

（4）检验焊接接头的使用性能。

5. 焊接接头力学性能试验方法主要有哪几种，与焊工技能有关的主要检测试验是什么？

答：焊接接头主要力学性能试验方法有：拉伸试验、弯曲试验、硬度试验、冲击试验、疲劳试验、压扁试验等。其中拉伸试验、冲击试验、硬度试验等主要取决于所用的焊接材料和焊接工艺参数，受焊工操作技能的影响有限。而焊工操作不当产生的咬边、熔合区不良、根部未焊透、偏析、层间夹渣等缺陷多影响弯曲角度值，因此，考核焊工的操作技能，主要的检测试验是弯曲试验。

6. 试述超声波探伤仪的组成、探伤原理，超声波探伤和射线探伤有哪些特点？

答：超声波探伤仪由高频发生器、探头、接收放大器和指示器 4 部分组成。

超声波探伤原理：是利用超声能透入金属材料的深处，并由一截面进入另一截面时，在界面边缘发生反射的特点来检查零件缺陷的一种方法，超声波在介质中传播时，在不同介质界面上具有反射的特性，如遇到缺陷，缺陷的尺寸等于或大于超声波波长时，则超声波在缺陷上反射回来，探伤仪可将反射波显示出来；如缺陷的尺寸甚至小于波长时，声波将绕过射线而不能反射；当超声波束自零件表面由探头通至金属内部，遇到缺陷与零件底面时就分别发生反射波来，在荧光屏上形成脉冲波形，根据这些脉冲波形来判断缺陷位置和大小。

超声波具有以下特点：

（1）超声波探伤比 x 射线探伤具有较高的探伤灵敏度、周期短、成本低、灵活方便、效率高，对人体无害等优点；

（2）超声波探伤是对工作表面要求平滑、要求富有经验的检验人员才能辨别缺陷种类、对缺陷没有直观性；

（3）超声波探伤适合于厚度较大的零件检验。

7. 简述磁粉探伤的原理、适用范围及特点。

答：磁粉探伤的基本原理是：当工件磁化时，若工件表面有缺陷存在，由于缺陷处的磁阻增大而产生漏磁，形成局部磁场，磁粉便在此处显示缺陷的形状和位置，从而判断缺陷的存在。

磁粉探伤适于铁磁性材料的表面或近表面的缺陷、薄壁件或焊缝表面裂纹的检验，也能显露出一定深度和大小的未焊透缺陷；但难于发现气孔、夹碴及隐藏在焊缝深处的缺陷。

磁粉探伤设备简单、操作容易、检验迅速、具有较高的探伤灵敏度。磁粉探伤时，缺陷的显露和缺陷与磁力线的相对位置有关。与磁力线相垂直的缺陷显现清楚；若缺陷与磁力线相平行，则显露不出来。

8. 什么是水压试验，简述水压试验的注意事项。

答：用水作为介质的耐压检验称为水压试验，水压试验是焊接容器中使用最多的一种耐压检验的方法。

水压试验的注意事项如下：

（1）水压试验应在无损检验和热处理后进行，以防止水压试验时产生的应力在焊缝缺陷处会造成应力集中或焊接应力的叠加造成结构发生脆性破坏。

（2）水压试验时，环境温度应高于5℃。过低的温度易使材料发生脆断。此外，环境温度不得低于空气的露点，以免元件外表结露导致误判。对于新钢种，试验温度应高于材料的脆性转变温度。

（3）水压试验时，应缓慢升压，使筒体压力趋于均匀。

（4）水压试验应安装两只合格的压力表，其量程应是试验压力的1.5～3倍。

9. 什么是气压试验，其试验压力如何确定，简述试验时的注意事项。

答：用压缩空气作为介质的耐压检验称为气压试验。

低压容器的试验压力为容器工作压力的1.2倍；中压容器的试验压力为容器工作压力的1.15倍。

气压试验时，要注意下列几点：

（1）受检容器的主要焊缝检验前需经 100% 射线探伤，检查场地四周要有可靠的安全措施。

（2）试验时，应先缓慢升压至规定试验压力的 10%，保持 10min，然后对所有焊缝进行初步检查。合格后继续升压到规定试验压力的 50%，其后按每级为规定压力的 10% 的级差逐渐升压至试验压力，保持 10～30min，然后再降到设计压力至少保持 30min，同时进行检查。

（3）气压试验所用气体应为干燥洁净的空气、氮气或其他惰性气体，气体温度不低于 15℃。

气压试验具有较大的危险性，除设计图纸规定用气压试验代替水压试验外，不得采用气压试验。高压容器严禁采用气压试验。

10. 什么是密封性试验，简述密封性试验的方法。

答：密封性试验是检验焊缝有无漏水、漏气和渗油、漏油等现象的试验，检验方法多采用煤油试验，在焊缝一侧涂石灰水，干燥后再于焊缝另一侧涂煤油，当焊缝有穿透性缺陷时，煤油即渗透过去，在石灰粉上出现油斑或带条。

11. 试述异种金属焊接困难的原因。

答：异种金属焊接困难主要有以下原因：

（1）异种金属的熔点差别大时，其中一种金属已处于熔化状态，而另一种金属还属于固态；

（2）异种金属的导热性和比热容不同，会改变焊接时的温度分布，影响焊缝的结晶条件；

（3）异种金属的线胀系数相差较大时，在焊接过程中会产生很大的热应力，且难以消除；

（4）异种金属的电磁性能相差很大时，焊缝成形不良；

（5）异种金属焊接过程中因金相组织变化或产生新的组织而使焊接接头性能不能满足要求等。

12. 珠光体钢与奥氏体钢焊接时易产生哪些问题？

答：奥氏体不锈钢与珠光体钢是两种组织和成分不同的钢

种，由于是两种不同类型的母材以及填充金属材料熔合而成，会产生下列问题：

（1）焊缝的稀释，由于珠光体钢中不含有合金元素或合金元素含量较低，所以它对整个焊缝的奥氏体形成元素具有稀释作用，使焊缝奥氏体形成元素含量减少，结果焊缝中会出现马氏体组织，影响焊接接头质量，甚至出现裂纹。

（2）过渡区形成硬化层，在熔池内部和边缘熔化母材与填充金属相互混合的程度不同，在紧靠珠光体一侧熔合线的焊缝金属中，形成与焊缝金属内部成分不同的过渡层，过渡层中含铬、镍量远低于焊缝中的平均值，其组织由奥氏体＋马氏体和马氏体构成，马氏体较宽时，降低焊缝的韧性，形成硬化层。

（3）熔合区的碳扩散和脱碳，焊件焊后进行热处理或在高温下工作，珠光体钢与奥氏体钢界面会产生碳的扩散迁移，在珠光体一侧形成脱碳层而软化，在奥氏体一侧形成增碳层而硬化。焊缝两侧性能差别较大，接头受力时产生应力集中，降低接头强度和韧性。

（4）焊接接头高应力状态，珠光体钢的导热性是奥氏体钢的2倍，线膨胀系数奥氏体钢和焊缝金属又比珠光体钢大1.5倍左右，因而产生较大的热应力；珠光体与奥氏体两相的组织不同，且过渡层还有马氏体等，在焊接接头处会产生较大的组织应力。热应力和组织应力会引起焊件开裂。

（5）产生延迟裂纹；奥氏体不锈钢与珠光体钢的焊接熔池在结晶过程中，既有奥氏体又有铁素体，氢在这两种组织中的溶解度不同，导致氢随后会进行扩散聚集，产生延迟裂纹，使焊接接头受到破坏。

13. 珠光体钢与奥氏体钢焊接时，如何选择焊接材料。

答：焊接填充材料决定焊缝及熔合区的组织和性能，珠光体钢与奥氏体钢焊接材料应按下列要求选择：

（1）选用含镍量较高，能稳定奥氏体组织的焊接材料，克服珠光体钢对焊缝的稀释作用。

（2）选用提高焊接材料的奥氏体形成元素，抑制熔合区中碳的扩散的材料。

（3）选用线胀系数接近于珠光体钢的镍基合金材料，降低热应力对焊接接头的不利影响。

（4）选用的填充材料应保证焊缝具有较高抗裂性能的单相奥氏体或奥氏体＋碳化物组织；为减少热应力，焊接材料中应含有一定量的铁素体形成元素。

14. 铸铁与低碳钢的焊接时易出现什么问题，采用气焊方法焊接铸铁与低碳钢应注意的事项。

答：由于铸铁的熔点比低碳钢低 300℃左右，造成焊接材料熔化的不同时，使焊接困难，在铸铁和低碳钢的接头处会出现程度不同的白口组织和淬硬马氏体，焊缝不均匀，甚至会产生气孔等。

气焊两种材料时，因低碳钢的熔点高，为了低碳钢与铸铁同时熔化，必须对低碳钢进行焊前预热，焊接时气焊火焰要偏向低碳钢一侧。为了防止出现白口组织。焊接时要选用铸铁焊丝和焊粉，使焊缝获得灰铸铁组织，火焰应选择中性焰或轻微的碳化焰；焊后可继续加热焊缝或用保温方法使焊接区域缓慢冷却。

15. 简述压力容器的焊接特点。

答：压力容器的焊接有如下特点：

（1）对焊接质量要求高；

（2）局部结构受力复杂；

（3）钢材品种多，焊接性差；

（4）新工艺、新技术应用广；

（5）对操作者技能要求高；

（6）有关焊接规程、管理制度严格。

16. 简述铸铁焊接时产生冷裂纹的原因及防止措施。

答：铸铁焊接时容易产生冷裂纹的原因是焊接时由于对焊件加热不均匀，焊缝在冷却过程中产生很大应力，而且随着焊缝温度的下降应力不断增大，特别是焊缝金属为灰铸铁时，片状石墨的尖端存在严重的应力集中，当应力值超过铸铁的抗拉强度时会产生焊缝裂纹。由于焊缝在400℃以下时，塑性基本为零，裂纹很快就会扩展到整个焊缝横截面，常见形式为焊缝横向裂纹。焊缝金属中存在白口组织时，由于白口铸铁收缩率、脆性比灰铸铁大，因此冷裂纹更容易出现。

防止冷裂纹的措施如下：

（1）采用热焊法或半热焊法。焊前预热，焊后预冷，以减小焊接接头的焊接残余应力；

（2）采用塑性较好的焊接材料，如铜基、镍基焊接材料，使焊缝可以通过塑性变形释放应力；

（3）采用加热减应区法，使焊接部位与减应区一起膨胀和收缩，减小焊接接头所受的应力；

（4）采用栽螺钉法，焊接层数较多时，焊接前可在坡口处拧入钢制螺钉，焊接时先焊螺钉，再焊螺钉之间的部位，由螺钉承担部分焊接应力而防止焊缝剥离。

17. 铸铁焊接时产生热裂纹的主要原因有哪些？

答：当采用镍基焊接材料和低碳钢焊条焊接铸铁时，焊缝金属容易产生热裂纹，铸铁焊接时产生热裂纹的主要原因有：

（1）铸铁母材中硫、磷杂质含量高，在焊接熔池中，镍会与硫、磷形成低熔点共晶化合物，当采用镍基焊接材料时，镍基焊缝为单相奥氏本，晶粒粗大，在晶界上易富集较多的低熔点共晶化合物，使热裂纹倾向严重；

（2）采用低碳钢焊条焊接铸铁时，特别是第一、二层焊缝中从母材熔入较多的碳、硫、磷，与钢形成低熔点共晶化合物，因而焊缝容易产生热裂纹；

（3）焊缝金属强度越高，与母材金属强度差别越大，就越容易产生剥离。开坡口焊补时，焊接层数增加，焊缝产生剥离的倾向增大；焊缝附近局部温度过高时，易引起剥离；当熔合区的白口层增加或热影响区淬硬较严重时，也会产生剥离。

18. 铸铁焊接时防止产生热裂纹措施有哪些？

答：铸铁焊接时可采取以下措施防止产生热裂纹：

（1）合理选用焊材。降低焊接材料中的硫、磷等杂质，如加入稀土元素，增加焊缝的脱硫、脱磷能力；或加入适量的细化晶粒元素，使焊缝晶粒细化；

（2）采用小焊接热输入。采用细直径焊条、小电流、快速焊、不摆动、短弧焊、分散焊和断续焊，以及焊后在 500℃以上锤击焊道等工艺措施，减少焊接应力，降低母材的熔合比，使有害杂质较少熔入焊缝；

（3）开圆弧形坡口；

（4）填满弧坑，防止产生弧坑裂纹。

19. 减小和预防梁焊接变形的措施有哪些？

答：（1）减少梁变形的方法：

1）减小焊缝尺寸：在保证梁的承载力的前提下，应该采用较小焊缝尺寸；

2）正确的焊接方向；

3）正确的装配焊接顺序；

4）正确的焊接顺序。

（2）预防变形措施：

1）刚性固定法；

2）反变形法。

20. 按压力大小压力容器分为哪几类？其压力值分别是多少？

答：压力容器的设计压力（p）划分为低压、中压、高压和超高压 4 个压力等级：

（1）低压（代号 L）0.1MPa$\leq p<$1.6MPa；

（2）中压（代号 M）1.6MPa$\leq p<$10.0MPa；

（3）高压（代号 H）10.0MPa$\leq p<$100.0MPa；

（4）超高压（代号 U）$p\geq$100.0MPa。

21. 简述压力容器的组焊要求。

答：（1）不宜采用十字焊缝。相邻的两筒节间的纵缝和封头拼接焊缝与相邻筒节的纵缝应错开，其焊缝中心线之间的外圆弧长一般应大于筒体厚度的 3 倍，且不小于 100mm。

（2）在压力容器上焊接的临时吊耳和拉盘的垫板等，应采用与压力容器壳体相同或在力学性能和焊接性能方面相似的材料，并用相适应的焊材及焊接工艺进行焊接。临时吊耳和拉盘的垫板割除后留下的焊疤必须打磨平滑，并应按图样规定进行渗透检测或磁粉检测，确保表面无裂纹等缺陷。打磨后的厚度不应小于该部位的设计厚度。

（3）不允许强力组装。

（4）受压元件之间或受压元件与非受压元件组装时的定位焊，若保留成为焊缝金属的一部分，则应按受压元件的焊缝要求施焊。

22. 国家对焊接压力容器的焊工有哪些具体要求？

答：焊接压力容器的焊工，必须按照《锅炉压力容器焊工考试规则》进行考试，取得焊工合格证后，才能在有效期间内担任合格项目范围内的焊接工作。焊工应按焊接工艺指导书或焊接工艺卡施焊。制造单位应建立焊工技术档案。

23. 对钢制压力容器的制作材料有哪些基本要求？

答：用于焊接压力容器主要受压元件的碳素钢和低合金钢，其碳的质量分数不应大于 0.25%。特殊条件下碳的质量分数超过 0.25% 时，应限定碳当量不大于 0.45%。压力容器专用钢的磷、硫含量分别不大于 0.03% 和 0.02%。

24. 简述《压力容器安全技术监察规程》对压力容器焊接接头的表面质量的要求。

答：压力容器焊接接头的表面质量应达到以下要求：

（1）形状、尺寸以及外观应符合技术标准和设计图样的规定。

（2）不得有表面裂纹、未焊透、未熔合、表面气孔、弧坑、未填满和肉眼可见的夹渣等缺陷，焊缝上的熔渣和两侧的飞溅物必须清除。

（3）焊缝与母材应圆滑过渡。

（4）焊缝的咬边应达到规定要求。

25. 什么是劳动定额？工时定额和产量定额的含义是什么？工时定额与产量定额之间有什么的关系？

答：劳动定额是为了完成某一工作而规定的必要劳动量，劳动定额的表现形式有工时定额和产量定额等。

工时定额是指为生产单位合格产品或完成一定工作任务的劳动时间消耗的限额。常用每件消耗多少分钟表示。比较适合用于产品结构复杂，品种多，生产批量不大的企业。

产量定额是指在单位时间内生产合格产品的数量或规定完成一定的工作任务量的限额。常用每个工作日完成的产量表示。比较适合用于大量制造，或加工时间短，自动化程度高的企业。

产量定额与工时定额之间的关系是：一个用产品数量表示，一个用时间数量表示，彼此之间互为倒数。工时定额越低，产量定额就越高，产量定额是在工时定额的基础上计算出来的。

26. 工时定额的制定常用的方法有哪几种？

答：工时定额的制定常用的方法有：经验估工法，统计分析法，类推比较法，技术定额法。

经验估工法是由定额人员，技术人员和工人结合以往生产实践经验，依据图纸，工艺装备或产品实物进行分析，并考虑所使用的设备、工具、工艺装备、原材料及其他生产技术和组织管理条件，直接估算定额的一种方法。

统计分析法是根据过去同类产品或类似零件加工工序的工时统计资料，分析当前组织技术和生产条件的变化来制定定额的方法。这种方法简单易行，工作量估算以占有比较大量的经济资料为依据，比经验估工法更能反映实际情况。

类推比较法是以现有的产品定额资料作为依据，经过对比推算出另一种产品零件或工序的定额的制定方法。

技术定额法是指在分析生产条件条件，工艺技术状况和组织情况等的基础上，考虑先进合理性，科学性等要求，对定额各组成部分，通过实地观察和分析计算来制定定额的一种方法。

27. 焊接设备进行调试和验收应包括哪些内容？

答：（1）外观检查

检查焊机及附属装置的外表有无损坏及擦伤，调节机构动作是否平稳、灵活，铭牌技术数据是否齐全。

（2）电气绝缘性能检查

检查焊机电气的绝缘性能，一般初级绝缘电阻应大于$1M\Omega$，次级应大于$0.5M\Omega$，控制回路应大于$0.5M\Omega$。

（3）空载试运行

接通电源、水和气源对焊机空载运行，检查焊机各部分有无异常情况，仪表刻度指示应正确，机构运转应正常。

（4）负载试验及调试

按焊机产品说明指导书的范围，对焊机进行负载试验及调试。分别对焊机采用大、中、小三种不同焊接参数进行试焊，检验其焊接过程的稳定性及焊接质量。鉴定焊机仪表指示精确度是否正确，所标明技术性能是否能达到。

（5）焊机附件及备件的清点验收

按装箱清单进行清点和验收焊机的附件及备件。

28. 交流弧焊机绝缘性检查的主要内容有哪些，应达到的基本要求是什么？

答：主要测量线圈与线圈之间，线圈与地之间的绝缘电阻。使用仪表为兆欧表，指示量程不低于$500M\Omega$，开路电压为500V。在空气相对湿度为$60\%\sim70\%$、周围环境温度在$20\pm5℃$条件下，焊机一次线圈的绝缘电阻应不小于$1M\Omega$，而二次线圈和电流调节器线圈的绝缘电阻应不小于$0.5M\Omega$。

29. CO_2气体保护焊机有哪些安全性要求？

答：CO_2气体保护焊机的安全性要求如下：

（1）焊枪外壳应与控制电源、焊接电源绝缘。

（2）焊机电源回路与焊接操作回路应无电联系。

（3）焊机应有安全可靠的接地装置。

（4）供电回路及高压带电部分应有防护装置。

（5）易与人体接触的控制电路，工频交流不超过 36V；直流不超过 48V。

30. 焊接操作机的作用是什么？它的结构由哪些部分所组成？它的调试和验收的内容有哪些？

答：焊接操作机的作用是将焊机机头（埋弧焊或气体保护焊）准确地送到并保持在待焊位置上，或以选定的焊接速度沿规定的轨迹移动焊机。它与变位机、滚轮架等配合使用，可完成内外纵、环缝、螺旋缝的焊接以及表面堆焊等工作。

焊接操作机分为伸缩臂式、平台式与龙门式等类型，其中以伸缩壁式应用较广，其结构通常由台车、立柱、行走臂、控制柜等部分组成。

焊接操作机调试和验收内容如下：

（1）行走臂的调试和验收　按行走臂有效行程和移动速度范围进行空载前后及上下移动，应运行平稳、无跳动，两端设置的行程开关应动作灵敏，快速行程和上下、左右微调应精确可靠。滑动轨表面应平滑无伤痕。

（2）立柱的调试和验收　带动行走度升降的传动机构运行应平稳，其平衡锤与滑块的连接应安全可靠，其上下两端设置的行程开关应动作灵敏，立柱两侧的导轨接触面应平滑无伤痕。

（3）台车的调试和验收　台车的四个行走轮必须四点接触，无跳动，回转支承带动立柱作 360°转动时，应无晃动，台车在行走导轨上的定位应可靠，操作人员在其上走动时应无任何晃动。

（4）控制柜的调试和验收　控制柜面板上的各种按钮、开关、指示灯及仪表应完整无损，控制应正确无误，监视摄像系统应正确可靠，反映的图像应清晰无干扰。

3.5　实际操作题

1. 钢板 V 形坡口对接仰焊

（1）试件图样

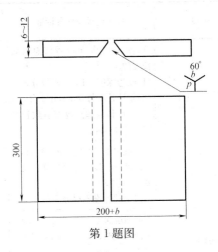

第 1 题图

（2）技术要求及说明

1）V 形坡口对接仰焊位置焊条电弧焊，单面焊双面成形；

2）使用直流焊机，采用 E5015 焊条；

3）试件材料：Q345；

4）工时：50min；

5）钝边高度与间隙自定。

考核项目及评分标准

序号	考核项目		技术要求及评分标准	标准分	检测记录点	得分
1	焊缝外形尺寸	焊缝余高	焊缝余高:0～4mm； 焊缝余高差≤2mm； 如果:焊缝余高＞3mm、焊缝余高＜0 或焊缝余高超差,有 1 项以上不合格,扣2～10 分	10		
		焊缝宽度	焊缝宽度比坡口两侧增宽0.5～2.5mm； 宽度差≤3mm； 如果:增宽＞2.5mm、增宽＜0.5mm 或宽度超差,有 1 项以上不合格,扣3～15 分	15		

177

序号	考核项目		技术要求及评分标准	标准分	检测记录点			得分
2	咬边		咬边深度≤0.5mm 焊缝总有效长度的 15%： (1)咬边深度>15%,不得分； (2)累计长度每 5mm,扣 1 分； (3)累计长度超过焊缝有效长度的 15%,不得分	6				
3	未焊透		未焊透深度≤0.15δ,且≤1.5mm； 未焊透总长度不超过焊缝有效长度的 10%。 超过上述标准不得分	6				
4	背面内凹		背面凹坑深度≤0.25δ,且≤1mm； 背面凹坑长度,每 5mm 扣 1 分,扣满 6 分为止； 背面凹坑深度大于 1mm,不得分	6				
5	试件错边		试件错边量≤0.1δ,超标不得分	6				
6	试件变形		试件变形角≤3°； 超标不得分	6				
7	焊缝表面		焊缝表面不允许有焊瘤、气孔、烧穿、夹渣。 有上述任何一项不得分	10				
8	x 射线探伤	按 GB 3323—2005	Ⅰ级焊缝不扣分 Ⅱ级焊缝扣 15 分 Ⅲ级焊缝不得分	30				
9	材料	所用材料符合要求	没按图纸给定的材料施焊,此焊件不合格					
10	焊缝表面	试件焊完后焊缝保持原始状态	试件有修补处,此焊件不合格					
11	清理现场	将材料及工量具整理归位	未整理归位,扣 5 分； 整理不当,扣 3 分	5				
12	工效	在规定时间内完成	完成定额 60% 以下此焊件不合格；完成定额 60%~100% 的酌情扣分；超额完成劳动定额,酌情加 1~10 分					
合计				100				

2. 电弧焊钢管 V 形坡口对接水平固定焊

（1）试件图样

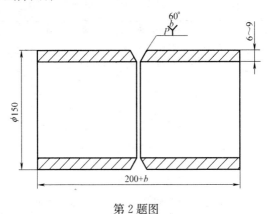

第 2 题图

（2）技术要求及说明

1）钢管 V 形坡口对接平焊，单面焊双面成形；

2）使用直流焊机，采用 E5015 焊条；

3）试件材料：20 号钢；

4）工时：50min；

5）钝边高度与间隙自定。

考核项目及评分标准

序号	考核项目		技术要求及评分标准	标准分	检测记录点			得分
1	焊缝外形尺寸	焊缝余高	焊缝余高：0~4mm； 焊缝余高差≤2mm； 如果：焊缝余高＞3mm、焊缝余高＜0 或焊缝余高超差，有 1 项以上不合格，扣 2~10 分	10				
		焊缝宽度	焊缝宽度比坡口两侧增宽 0.5~2.5mm； 宽度差≤3mm； 如果：增宽＞2.5mm、增宽＜0.5mm 或宽度超差，有 1 项以上不合格，扣 3~15 分	15				

序号	考核项目		技术要求及评分标准	标准分	检测记录点	得分
2	咬边		咬边深度≤0.5mm 焊缝总有效长度的15%： (1)咬边深度>15%,不得分； (2)累计长度每5mm,扣1分； (3)累计长度超过焊缝有效长度的15%,不得分	6		
3	未焊透		未焊透深度≤0.15δ,且≤1.5mm； 未焊透总长度不超过焊缝有效长度的10%。 超过上述标准不得分	6		
4	背面内凹		背面凹坑深度≤0.25δ,且≤1mm； 背面凹坑长度,每5mm扣1分,扣满6分为止； 背面凹坑深度大于1mm,不得分	6		
5	试件错边		试件错边量≤0.1δ,超标不得分	6		
6	试件变形		试件变形角<3°； 超标不得分	6		
7	焊缝表面		焊缝表面不允许有焊瘤、气孔、烧穿、夹渣； 有上述任何一项不得分	10		
8	x射线探伤	按GB 3323—2005	Ⅰ级焊缝不扣分 Ⅱ级焊缝扣15分 Ⅲ级焊缝不得分	30		
9	材料	所用材料符合要求	没按图纸给定的材料施焊,此焊件不合格			
10	焊缝表面	试件焊完后焊缝保持原始状态	试件有修补处,此焊件不合格			
11	清理现场	将材料及工量具整理归位	未整理归位,扣5分； 整理不当,扣3分	5		
12	工效	在规定时间内完成	完成定额60%以下此焊件不合格;完成定额60%~100%的酌情扣分;超额完成劳动定额,酌情加1~10分			
	合计			100		

3. 管板（骑座式）垂直仰位焊

（1）试件图样

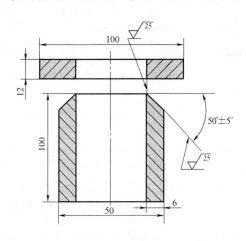

第 3 题图

（2）技术要求及说明

1）单边 V 形坡口，单面焊双面成形；

2）使用直流焊机，采用 E5015 焊条；

3）试件材料：20 号钢；

4）工时：40min；

5）间隙自定。

考核项目及评分标准

序号	考 核 项 目	技术要求及评分标准	标准分	检测记录点			得分
1	焊脚尺寸	焊缝的焊脚为（10±1）mm,凸凹度≤1.5mm； 焊脚不符合尺寸要求,扣 5～10 分； 凸凹度不符合要求,扣 3～5 分	15				

序号	考核项目		技术要求及评分标准	标准分	检测记录点				得分
2	咬边深度		深度≤0.5mm 焊缝两侧咬边累计总长度≤32mm； 焊缝两侧咬边累计总长度,每5mm扣2分；咬边深度>0.5mm或焊缝两侧咬边累计总长度>32mm 不得分	15					
3	未焊透		未焊透深度≤1mm,总长度≤16mm； 未焊透总长度每5mm,扣5分；未焊透深度>1mm或累计总长度>16mm 不得分	17					
4	背面内凹		背面内凹深度≤1mm,总长度≤16mm； 背面内凹总长度,每5mm扣3分；背面内凹深度>1mm或累计总长度>16mm不得分	10					
5	通球检验		通球直径为管内径的85%	8					
6	焊缝表面		焊缝表面不允许有焊瘤、气孔、烧穿、夹渣； 有上述任何一项不得分	10					
7	无气孔		气孔最大尺寸不超过1.5mm； 大于0.5mm,小于或等于1.5mm的气孔不超过1个；气孔小于或等于0.5mm不超过3个； 有上述每项不合格,扣3分	10					
8	无夹渣		夹渣最大尺寸不超过1.5mm； 大于0.5mm,小于或等于1.5mm的夹渣不超过1个；夹渣小于或等于0.5mm不超过3个； 有上述每项不合格,扣3分	10					
9	材料	所用材料符合要求	没按图纸给定的材料施焊,此焊件不合格						

序号	考核项目	技术要求及评分标准	标准分	检测记录点				得分
10	焊缝表面	焊缝表面不允许有裂纹、未熔合、夹渣、气孔和焊瘤；试件焊完后焊缝保持原始状态	焊缝表面有裂纹、未熔合、夹渣、气孔和焊瘤，此焊件不合格；试件有修补处，此焊件不合格					
11	清理现场	将材料及工量具整理归位	未整理归位，扣 5 分；整理不当，扣 3 分	5				
12	工效	在规定时间内完成	完成定额 60％ 以下此焊件不合格；完成定额 60％～100％ 的酌情扣分；超额完成劳动定额，酌情加 1～10 分					
合计			100					

4. 小直径管对接水平固定（加障碍物）焊

（1）试件图样

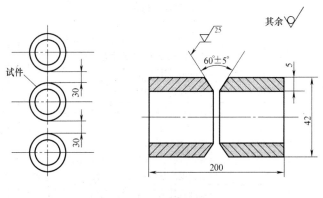

第 4 题图

（2）技术要求及说明

1）钢管 V 形坡口对接，单面焊双面成形；

2）使用氩弧焊控制器、直流焊机，采用焊丝 HCr25Ni18/

焊条 E1-23-13-16；

　　3）试件材料：1Cr18Ni9Ti/20；

　　4）工时：110min；

　　5）间隙自定。

考核项目及评分标准

序号	考核项目		技术要求及评分标准	标准分	检测记录点			得分
1	焊缝外形尺寸	焊缝余高	焊缝余高：0~4mm； 焊缝余高差≤2mm； 如果：焊缝余高＞3mm、焊缝余高＜0 或焊缝余高超差，有 1 项以上不合格，扣 2~10 分	10				
		焊缝宽度	焊缝宽度比坡口两侧增宽0.5~2.5mm； 宽度差≤3mm； 如果：增宽＞2.5mm、增宽＜0.5mm 或宽度超差，有 1 项以上不合格，扣 3~15 分	15				
2	咬边深度		深度≤0.5mm 焊缝两侧累计总长度≤26mm； 焊缝两侧咬边累计总长度每5mm 扣 2 分；咬边深度＞0.5mm 或焊缝两侧咬边累计总长度＞26mm,考试不合格	10				
3	未焊透		有未焊透,考试不合格					
4	背面内凹		背面内凹深度≤1mm，总长度≤13mm； 背面内凹总长度，每 3mm 扣 3分；背面内凹深度＞1mm 或累计总长度＞13mm,考试不合格	10				
5	通球检验		通球直径为管内径的 85%； 通球检验不合格不得分	7				
6	焊后变形		焊后焊件的角变形≤1mm, 角变形＞1mm,扣 5 分； 错边量≤0.5m； 错边量＞0.5m,扣 3 分	7				

序号	考 核 项 目	技术要求及评分标准	标准分	检测记录点				得分
7	焊缝表面	焊缝表面不允许有焊瘤、气孔、烧穿、夹渣。 有上述任何一项不得分	7					
8	无气孔	单个气孔沿径向≤1.5mm,沿轴向或周向≤2mm; 有气孔扣3分,超出范围本项不得分; 在任何10mm焊缝长度内,气孔不多于3个; 在任何10mm焊缝长度内,气孔少于2个得4分,少于3个得3分,多于3个本项不得分; 沿圆周方向50mm范围内,气孔的累计长度≤5mm,不符合此项,扣4分	7					
9	无夹渣	单个夹渣沿径向≤1.2mm,沿轴向或周向≤2mm; 有夹渣扣3分,超出范围本项不得分; 在任何10mm焊缝长度内,夹渣不多于3个; 在任何10mm焊缝长度内,夹渣少于2个得4分,少于3个得3分,多于3个本项不得分; 沿圆周方向50mm范围内,夹渣的累计长度≤5mm,不符合此项,扣4分	7					
10	焊缝的抗弯曲性能	将试件冷弯至90°后,其拉伸面上不得有任何1个横向(沿试样宽度方向)裂纹或缺陷长度不得>1.5mm,也不得有任何纵向(沿试样长度方向)裂纹或缺陷长度不得>3mm; 面弯经补样后才合格,扣8分; 背弯经补样后才合格,扣12分	20					

序号	考核项目		技术要求及评分标准	标准分	检测记录点			得分
11	材料	所用材料符合要求	没按图纸给定的材料施焊,此焊件不合格					
12	焊缝表面	焊缝表面不允许有裂纹、未熔合、夹渣、气孔和焊瘤;试件焊完后焊缝保持原始状态	焊缝表面有裂纹、未熔合、夹渣、气孔和焊瘤,此焊件不合格;试件有修补处,此焊件不合格					
13	清理现场	将材料及工量具整理归位	未整理归位,扣 5 分;整理不当,扣 3 分	5				
14	工效	在规定时间内完成	完成定额 60% 以下此焊件不合格;完成定额 60%～100% 的酌情扣分;超额完成劳动定额,酌情加 1～10 分					
	合计			100				